/ 你是否纳闷过 /

• • ○ • •

- 为什么同一个家庭里的孩子会如此千差万别？
- 为什么你总是和家里的某个人水火不相容？
- 当家庭成员站队时，为什么老大和老三总是站在一起？
- 为什么老二和老四总是联合起来对付老三？
- 你明明是家里的老二，可为什么每个人总是误认为你是家里的老大？
- 为什么老大和老二的性格截然相反？
- 为什么老小总是能免受责罚？
- 为什么崇尚完美主义的老大和爱笑爱闹的老小婚后生活能幸福融洽呢？
- 为什么你自有一套择友标准？
- 为什么你选择的伴侣会与你如此不同？
- 为什么一个小错误竟会让你一天都如鲠在喉？
- 为什么你总是和最像你的孩子争吵，而不是最不像你的那个？
- 你的同事是如此这般性格的人，你该如何与他/她相处呢？

想要知道为什么的话，那就拿起这本书吧。它将改变你的生活。相信我没错的。

[美] 凯文·莱曼——著　苏丽侠——译

你为什么是你？
出生次序之书

出生顺序如何影响人的
性格、婚姻、人际关系

Why

you

are you

Wuhan University Press
武汉大学出版社

————————————

感谢我可爱的、凡事都追求完美的大女儿霍利。你公平公正、富有创造力、热爱上帝、对待他人细心周到，我为你感到骄傲。我爱你。

⋯⋯

感谢我的大姐莎莉。我要向你道歉，小时候我不懂事，竟然趁你睡觉的时候，将肥肥的爬虫放在你的鼻子底下晃荡，真是对不起。你是一个非常特别的姐姐，对我意义非凡。

⋯⋯

还有我的哥哥杰克，你是我的英雄，小时候你不止一次地将我带到树林子里要把我丢掉，好在每次你的计谋都没有成功。谢谢你，杰克，感谢你在别人欺负我的时候为我挺身而出。

⋯⋯

当然还有我的母亲梅·莱曼和父亲约翰·莱曼，愿你们在天堂安息，感谢你们的养育之恩，我们永远爱你们。

————————————

出生次序猜一猜

/ 出生次序猜一猜 /

● ● ○ ● ●

猜猜他们是家中老大、老二，还是老小呢？文末有答案，看看你猜对了吗。

1. 小时候，我的姐姐（妹妹）可爱又爱演戏，犯点啥事的时候，说些花言巧语，就能轻松逃避责罚。现在她是公司里的销售能手，非常成功。

2. 比起书本来，我倒更愿意和人打交道。我喜欢去挑战问题，也喜欢身边被人簇拥着的感觉，那会让我很自在。

3. 我的兄弟叫阿尔，就是阿尔伯特·爱因斯坦的那个阿尔，之所以取这么个名字，是因为他的数学和科学实在是太棒了。他现在是名工程师，绝对的完美主义者。

4. 我真搞不懂我丈夫。他的那个工作室总是乱糟糟的，可神奇的是，他总能找到自己想要的东西。

5. 我的朋友是个特立独行的主儿。她有许多朋友，却不过分黏人，总是保持一种独立的姿态。她善于调解争吵，跟她姐姐（妹妹）的性格完全相反。

6. 比起同龄人，我倒是和比我大的人相处得更好。有人认为我高傲自大，总是以自我为中心。但事实上，我不是。

引言 │ 亚伯的下场可能是罪有应得

　　你有没有想过，为什么你和你的兄弟姐妹会那么不同呢？你们都是在同一个家庭环境下长大的，可为什么你们的行为举止和看待事物的方式却不尽相同？即使是对于相同的童年经历，你们记忆的点也完全不同，因而总是会有不一样的感受。这到底是怎么回事呢？

　　你有没有想过，为什么你总是和某个孩子格格不入，但和其他孩子却能相处得如鱼得水？又比如说，为什么你不能和你的老板或者某个同事友好相处，而总是针尖对麦芒呢？

　　你有没有想过，为什么当你被迫以某种方式行事的时候，你总是备感压力，好像自己是被编程了一般不自由？为什么你会这样择友？为什么你注定会和某种类型的人结婚（什么类型的人才是你的最佳伴侣）？每当工作中遇到冲突的时候，为什么你总是出面调解的那个人？为什么你日夜奋斗，却总是不尽如人意？

　　所有的这一切都和你的出生次序息息相关。想象一下，每个家庭都犹如一棵树，父母（对于单亲家庭来说妈妈或爸爸）是主干，孩子们则是枝干。在自然界中，你见过哪棵树上的枝干都是朝着一个方向生长的？所以说，家庭里的每个孩子各不相同也是同样的道理。有人说，不论家里的第一个孩子怎样，第二个孩子总是会朝着不同（甚至是完全相反）的方向发展。

该隐和亚伯的故事便是很好的例子，这两兄弟由于性格不同，从一开始就陷入了恶性竞争。一个是与泥土打交道的农夫，一个是爱护动物的牧羊人。当其中一个受到"更好"的对待时，要说他们之间产生的仅仅只是嫉妒，那可是太轻描淡写了。你知道那个故事的结局……所以，当我第一次将这本书的想法告诉出版商的时候，我就想叫它《亚伯的下场可能是罪有应得》。但是出版社的头儿们以及编辑们强烈反对（顺便提一句，这些人不是独生子女就是家中的老大），而出版社其他人员（多半是家中的老小）自然也都是无力反抗。所以，这个名字也就不了了之了，取而代之的便是你们现在看到的书名《出生次序之书》。

我从事心理学研究已有三十五年多的时间，在研究出生次序对人的影响方面也是下了一番功夫，在你的成长过程中，你的出生次序不断影响着你的方方面面，从而塑造了今天的你。

许多心理学家认为，出生次序仅仅只是家中孩子先后出生的顺序，就是你和你的兄弟姐妹们出生的顺序。要是这么简单的话，那我还出书干吗？再说，你也不傻，会点基础算数的人，都能很好地算出你在家中兄弟姐妹间排行第几。

我们要看得深一点。比如说，你是家里的中间孩子，但性格更像是老大，这是什么原因呢？你是家里的老大，但行为举止倒是更像老二，这又该怎么解释？你在七个兄弟姐妹中排行老四，而你又和他们分开了十三年，你身上又会发生什么变化呢？又比如说，你是四个孩子中唯一的男孩或是女孩，你又会有什么不同呢？要是家里的老大有心理或是生理问题，其中的问题又出在哪里呢？你的出生次序特征又是怎样的呢？

三十多年来，我咨询的家庭数不胜数，以我亲眼所见的事实来看，出生次序对人的意义绝不是大多数"专家"想的那么简单。据我所知，在所有心理学家中，目前也只有我考虑到了所有变量，包括功能地位的因素（这点我会在本书中详细阐述）。

没错，出生次序对人的意义并不是三言两语就能说清的，但是通过本书，你很容易就能理解它。一旦你弄清楚了你的出生次序，以及你所爱之人的出生次序，那么在人生旅途中，你便会游刃有余。当你读完这本《出生次序之书》，你会更加了解你自己、你所爱之人、你的同事及老板，因而在为人处世上，你也将更加如鱼得水。

如果你为人父母，我将告诉你一些良方，帮助你更好地培养出排行不同的孩子。你要知道，对待所有孩子"一视同仁"有时候不见得是最好的法子。

如果你即将步入婚姻的殿堂，我将告诉你，和哪种出生次序的人结合才能造就最佳的婚姻伴侣（以及为什么）。如果你已经结婚，不论你们夫妻俩的出生次序怎样，我也将给你支些招儿以促进婚姻关系和和睦睦、顺风顺水。

如果你已经工作（兼职也好，全职也好，在家也好，离家远也好），或是正在从事一些志愿者活动及社区服务工作，通过本书，你将从自己的出生次序出发，更好地了解自己并发挥自己的潜力，从而更好地鼓励同事，并与他们融洽地相处。

如果你是家中长子（女）或是独生子女，读完这本书，你就会明白为什么你老是要做这做那（还要做好）；在你把自己逼疯或是精疲力竭之前，你将会知道自己该怎么去做了。当然，你也将明白为什么自己是个不折不扣的书本发烧友了。

如果你是家中的老二，那么你将明白为什么你总是担任调解员的角色，为什么你的发展轨迹会和你的大哥（大姐）不同，你也会明白自己该怎么做，才能避免兄弟姐妹们的排挤与压迫了。当然，你心中那个倔强的性子也会被揪出来，赤裸裸展现在你的面前。

要是你像我一样是家中的老小，你就会明白为什么你的生命中必须有那些家中长子（女）的存在了（就像我的妻子桑德，我的助理黛比，有了她们，我的工作与生活才能如此井井有条）。你也会明白，有时候你得要好好缓解一下哥哥姐姐们的紧张神经，让他们放松放松，不然他们一天到晚都要活在"完美榜样"的压力下。我有时也在想啊，要是亚伯能低调、克制一点，在成就上不那么咄咄逼人，也就不会激怒哥哥该隐了，那样结局就会是另外一番模样了吧。或者，在该隐的眼里，亚伯的下场罪有应得？

想不想知道你所爱之人的想法与感觉？想不想知道你为什么会做这或做那？一切答案就在这本书里。它好玩有趣，例子多多。我都记不清读者们和我说过多少次："莱曼博士，这本书改变了我的人生，它也改变了我看待生活的方式。"

那么，你还在等什么呢？

01

出生次序真的有这么重要吗？

///

过去三十五年里，找我咨询的顾客中，或是在我参加的脱口秀中，大家最爱问的就是这个问题，通常我的第一反应不外乎就是"熊在森林里会找厕所吗？"

当然，出生次序真的非常重要。毕竟，龙生九子，各有不同。出生次序看似简单明了实则意味深长，它自有一套规则，但在这规则之外却同样也有例外（这两点我都会慢慢向你道来），当你充分理解了出生次序的运作规律，那些例外情况你自然也就能一目了然了。即便有例外，说不定也是你的出生次序在作怪呢。我将它称之为你的"家谱分枝"，正是这个分枝塑造了今天的你。

我们为什么要关注出生次序？因为当你了解了出生次序的奥秘，你就能更加了解你自己；在与朋友、同事或是所爱之人的相处中能更加融洽；在应对工作或是困难上也能更加自如。

出生次序是一门学问，每一个排行都有相应的特征，它能很好地帮助你定位自己。不论你出生的时候是老大、老二、老三，还是老N，你的出生次序时时刻刻都在影响着你，在潜移默化中造就你。

你最符合哪些特征？

在以下的性格特征中，你最符合哪一种？你不必非得和所有的特征都对上号，只要选出那些最能表现你性格的特征即可，哪组符合的特征最多，就选哪组。

A．力求完美，可靠，有责任心，列表专业户，良好的组织能力，工作狂，天生的领导者，爱挑剔，严肃谨慎，踏实好学，不喜惊奇，技术控

B．善于调解，易妥协，善于交际，不喜冲突，独立，忠于同龄人，交友广泛，特立独行，神秘，习惯被忽略

C．善于操控，可爱迷人，老是怪别人，焦点，执着，有人缘，天生的推销员，早熟，感情丰富，喜欢惊喜

D．七岁便像小大人，心思缜密，大有成就，有上进心，忧心忡忡，行事谨慎，书本发烧友，黑白分明，说话极端，受不了失败，自我期望高，不善于和同龄人相处

要是你觉得这个小测验还蛮容易，而且这A，B，C三个选项看起来就是按照出生次序由大到小归纳起来的，那么恭喜你，你的眼光不错。

如果你选A，那么你十有八九是家里的老大。

如果你选B，那么你八成就是家里的中间孩子（三个孩子中的老二，或是四个孩子中的老三）。

如果你选C，那么你很有可能就是家里的老小，而且看这本书的时候还一脸不高兴，抱怨这本书没有插图。（开个玩笑，我自己就是家中的老小，所以想着在老小身上下手，开开玩笑调节调节气氛。接下来，老小们等着被我开涮吧。）

那D又是什么呢？D这一栏是专门针对独生子女的。近年来，家庭人员构成越来越少，很多家庭都只有一个孩子，找我咨询的顾客中，独生子女的比例也日益增加。所以，专门列出D这一栏是非常有必要的。这些独生子女（也叫"孤独的独生子女"）本身就属于家中老大那一列，与那些拥有兄弟姐妹的人相比，这些独生子女又有何不同呢？其中一处不同便是，独生子女是超级（极端）版本的家中老大，他们身上有着一些老大的普遍特征，但某些方面却又自

成一派。第7章中将有详细的介绍。

你们发现没，在界定每种出生次序的时候，对于每个选项，我用的词都是"十有八九""八成"之类的判断词，而不是全盘肯定。毕竟，世界上没有两片相同的叶子，每个人的特征不能按照出生次序一概而论。事实上，老大身上可能会有一些老小所具有的特征；而在某些领域，老小有时也会表现得像老大；又或者，有些家里的中间孩子看起来就和老大一般。我就遇到过这样一些独生子女，不知道的还以为他们是家中的老小呢。之所以会有这样的差别是有原因的，且听我慢慢道来。

谁是谁？

每个人从事的职业和他（她）的出生次序息息相关。有数据表明，在家排行老大的人通常位高权重，在《美国名人录》或是《美国科学家名人录》中，老大占据的比例相当大。此外，在罗兹学者及大学教授中，有相当一部分人都是家里的老大。

关于家里的老大，在接下来的章节中，我们将剥茧抽丝，详尽介绍，在这里我做个简单的定义：

1. 家中第一个出生的孩子。（由于某些因素，第一个出生的孩子有时并不担任老

老大和独生子女

老大们可靠又有责任心，为人处世一是一，二是二，凡事爱做列表，颇有计划性。是对是错，他们直觉分明，始终追求以最正确的方式去行事。他们是天生的领导者，大有成就。

对于上面那些特征，独生子女们则还要更进一步。他们工作独立、爱看书。他们老练成熟，七八岁时就俨然一副小大人模样。他们始终不会理解别人家孩子间的打打闹闹。

家里的中间孩子

在所有的出生次序中，这类孩子的特征最难定位，但可以肯定的是，这类孩子往往与他们的哥哥姐姐们性格截然相反。倘若老大非常传统，那么老二则会标新立异。这类孩子往往跟着不同的节拍而动，他们爱竞争，不背叛，朋

友遍布四海。

由于地位的特殊性，这类孩子的特征说不清道不明，令人捉摸不定。这倒也不完全是坏事。对于这类孩子而言，就算他们偶尔懒惰、冷漠，也不会受到什么责备与惩罚。比起家里的老大，大家会对这类孩子更加宽容一些，不会对他（她）施加压力，逼迫他（她）取得和哥哥姐姐一样的成就。但是这样一来，由于没有压力，他们可能永远就得过且过，潜力得不到发掘。他们往往扮演谈判者的角色，总是想要不遗余力地压制冲突，维护和平。

家中老小

这类人外向活泼，在他们眼里从没有什么所谓的陌生人。他们简单随性，诙谐幽默，人际交往能力爆表。对他们而言，人生就是一场派对。他们往往

大的角色，这些因素我们后续详谈。）

2. 该性别下第一个出生的孩子（不管这个孩子前面有多少个孩子，只要他/她是该性别下第一个出生的孩子，那他/她就是老大）。

3. 比最近的同性别的孩子小五岁或五岁以上。

按照我的定义，你猜怎么着，大部分总统和牧师可都是家里的老大呢。在44名美国总统中，有28名（64%）都是家里的老大或是功能性老大（扮演老大角色的）。实际上，2008年总统大选中，11个竞选者中有8个都是家中的长子或长女。

除此之外，另一些总统虽说不是家中第一个出生的孩子（有的甚至是家中的老小），但是这些总统大多都是家中第一个出生的男孩。这就说明，作为家中第一个出生的男孩，他们十之八九会获得老大的特征，从而担负起功能性老大的角色，而这无疑是他们日后成为总统和领导者最有力的垫脚石。（文末有"美国总统及他们的出生次序"一览表。）

当然，有些美国总统是家里排行中间的孩子，还有少数是家中的老小，比如说华盛顿著名演员出身的罗纳德·里根总统就是家中的老小。1992年总统大选中，乔治·布什、比尔·克林顿以及罗斯·佩罗在电视

辩论上慷慨激昂，这三个人同台竞技，将不同出生次序下出生的人的风采表现得淋漓尽致。克林顿是家里的老大，温和自信，满腹经纶，举手投足间充满领导力。布什是家里的老二，就算是在辩论的时候，他的言语间也满是商量的口吻。佩罗是家里的老小，脾气暴躁，态度强硬，说话直言不讳，总是抛出一些毒辣的问题，令对手难堪，还时不时把观众逗得哈哈大笑。

2008年美国总统大选中，最有力的角逐者一共有四位，一位是独生子（奥巴马，欲知他为什么被定为独生子，请查阅文末的"美国总统及他们的出生次序"一览表），一位是家里的长女（希拉里·克林顿），还有两位也都是家中的长子（麦克·赫卡比和约翰·麦凯恩）。看看这么多的领导人，我们有理由相信，老大身上确实有着某种独特之处。

由着性子为所欲为，就算犯了错，也不大会受到责备。而且，他们不会忘记他们宠物的名字。

然而，另一方面，做家里的老小也是有苦说不出的。虽然他们是家中受人疼爱的小明星，但是做最小的孩子也不见得能捞到什么好，要知道，他们很长一段时间穿的衣服可都是哥哥姐姐们传下来的旧衣服，有时太大不说，那过时的款式还真是不敢恭维。此外，他们还老是会被捉弄，兴许还会被起个不太好听的外号。

当然，政客们并不是唯一的例子。有一次，在和五十个牧师交流的时候，我顺便提了一句，"你们知道吗，牧师一般都是家里的老大。"他们面面相觑，一脸怀疑的神色，于是我就决定让大家投票来验证结果。果然，五十个牧师中有四十三个人都是家中的长子或是独子。

研究表明，家里的老大要比老小更有上进心。他们往往从事科学、医药、法律相关工作。此外，在会计师、簿记员、总经理秘书、工程师、计算机专家等人群中，很大一部分人也都是家里的老大。当然，别忘了，首批送入外太空的23名美国宇航员中，有21名都是老大，剩下2名是家里的独子。水星计划中的7名宇航员全都是家里的老大。即使是在1986年"挑战者"号失事中殉难的宇航员兼教师克里斯塔·麦考利夫也是家里的老大，她还有4个兄弟姐妹呢。

此外，最近CNN发布的一项研究表明，老大的IQ要比弟弟妹妹们高。这是为什么呢？没有人知道确切的答案，可能的原因是：在弟弟妹妹到来之前，父母的注意力全都放在了家里第一个出生的孩子身上，因而他们也就比弟弟妹妹们得到更多的专注，这可能有利于他们的成长；作为老大，他们往往被赋予更多的责任，因而也就变得更有责任心，智力也得到了更好的发展；老大身上往往寄托了父母的厚望，所以他（她）会更加努力，因而也就比弟弟妹妹们走得更远。

不知你注意到没有，老大们从事的职业往往需要高度的专注力及顽强的精神自律。我在亚利桑那大学任助理训导长一职时，也在那攻读博士学位，那时我最喜欢的就是将我所学的出生次序理论付诸实践。有一次，我问一位建筑学院的老师，他是否留意过建筑学院的老师们都是家里第几个孩子。当时，他茫然地瞪了我一眼，咕哝道："凯文，饶了我吧。"

然而，半年后的一天，他在校园里叫住了我："你还记得你问我的那个关于建筑学院教师们在家排行第几的问题吗？是这样的，我私底下做了个调查，你猜怎么着，几乎所有的老师都是家里的老大，要不就是独生子女。"我那个朋友当时可真是吃惊极了。

这可我把乐坏了，出生次序的基本原理再一次得到了印证。对结构和秩序敏感的人往往会从事一些苛刻严谨的职业，而建筑便是这样的一个领域。

好莱坞里的出生次序之说

而在出生次序天平的另一端，家里的老小们更多的则是从事喜剧表演工作。像艾迪·墨菲、马丁·肖特、艾伦·德詹尼丝、乌比·戈德堡、杰·雷诺、史蒂芬·科拜尔、史蒂夫·卡瑞尔、乔恩·斯图尔特、比利·克里斯托、丹尼·德·维托、德鲁·凯里、金·凯瑞、史蒂夫·马丁、切维·切斯等这些被万千观众追捧和爱戴的影星都是家里的老小。对了，已故的约翰·坎迪和查理·卓别林他俩也都是家里的老小。

然而，需要注意的是，并不是所有的喜剧演员都是纯粹的家中老小。比如说，史蒂夫·马丁虽然是家中的老小，但他上头只有一个姐姐，因此他也是家里的长子。伟大的喜剧演员比尔·科斯比是家里的老大。他是个完美主义者，获得了博士学位。他给所有的孩子取名都以"E"开头，希望他们不断努力，出类拔萃（Excellence）。

　　还有像哈里森·福特、马修·派瑞、詹妮弗·安妮斯顿、安吉丽娜·朱莉、布拉德·皮特、查克·诺里斯、史泰龙、瑞茜·威瑟斯彭、本·阿弗莱克等知名娱乐影星也都是家里的老大。

　　此外，像罗伯特·德尼罗、劳伦斯·菲什伯恩、安东尼·霍普金斯、詹姆斯·厄尔·琼斯、汤米·李·琼斯、威廉·夏特纳以及罗宾·威廉姆斯等以戏剧化角色或喜剧角色闻名的影星都是家中的独生子。

　　新闻播音员及脱口秀主持人往往也都是家里的老大或是独生子女。我曾上过31个城市的节目，我做了一个小调查，发现在92名脱口秀主持人中，有87人不是老大就是独生子女，其中包括奥普拉·温弗瑞（她曾以荧屏首秀《紫色姐妹花》中一角，获得了奥斯卡提名）、比尔·奥雷利、查尔斯·吉普森（他虽是家中的老小，但是相信我，他肯定是功能性老大，后面我们详说）、杰拉尔多·瑞弗拉以及那个自吹自擂的广播脱口秀主持人拉什·林堡。

莱曼家族成员

　　在许多家庭中，老大、老二、老小这三种出生次序是最平常的模式。我所在的家庭便是很好的例子。我的父母约翰·莱曼和梅·莱曼一共有三个孩子：

莎莉——老大

约翰（杰克）——老二，比莎莉小三岁

凯文——老小，比杰克小五岁

我的大姐莎莉比我整整大八岁，她是个典型的老大，住在纽约西部的一个小镇上。我们避暑的房子恰巧就在那附近的一个湖边，于是每次暑假的时候，我们都会顺道去拜访她。她那个家利利索索的，简直无可挑剔。你一踏进前门，首先映入你眼帘的便是那条条分明的乙烯基走道，径直通向每个房间。意思不是明摆着的嘛：除非必要，否则决不能踏到蓝色地毯上。

说莎莉眼里容不得半粒沙子那可是一点也不为过。我不得不怀疑她每次都要把那个"欢迎光临"的垫子熨上好几遍才会善罢甘休。你有没有用过那种带抽绳的垃圾袋？告诉你，莎莉用的就是那种，而且她还要在上面点缀装饰片呢。更有一次，我看到她在银行大厅等号的空儿，竟然不厌其烦地摆弄那些宣传册，看样子非要摆整齐了她才舒服。（我可没和你开玩笑。）

一句话，不论莎莉做什么，她都得做得尽善尽美。她自信风雅，踏实好学，又有想法，人们都喜欢她。高中时期，她担任啦啦队队长，并且还是全国优秀生协会的成员呢。后来她成为家庭经济教师和幼儿园主任。此外，她还写了两本书。

在莱曼家，没人能忘记那次去内华达山脉露营的经历。在结束了一天的活动后，我们都把自己塞进睡袋里，准备好好睡上一觉。虽然是夏天，但是当时的海拔有一万三千米之高，加上又是晚上，实在是冷极了，于是我们都决定和衣而睡。但是，莎莉却不。她从帐篷里出来和我们道晚安的时候，竟然换上了平时穿的那件睡衣。她还十分不理解为什么我们要笑她呢。这就是莎莉。她当时怎么不把营地也收拾收拾呢？

然而，凡事都追求完美也是有苦头的。每当家里要举行小型餐会的前两天，莎莉都会坐立不安，十分焦虑。要是举行大型餐会的话，那种焦虑的心态准会持续一周到十天不等。在她眼里，所有的东西都必须按照色彩一一配对：餐巾的颜色得与餐巾架相配，而餐巾架得与整个房间的装饰相配，而房间的装饰得与……剩下的我就不说了，你懂的。我敢肯定，在我姐眼里，她一定觉得报纸非得压在布谷鸟钟座下才算舒服。

有一次，我在一个会议上当主讲人，莎莉当时也在那个会上，所以九点零五分的时候，我们就一起吃了早饭。

"凯文，和我说说，"她问道，"你准备讲什么呢？"

我漫不经心地啜了一口咖啡，回答道："我还没决定讲什么呢。"

她倒吸一口冷气，"你说什么？你怎么能不清楚自己要讲什么呢！55分钟后你就要上台了！"

"没事的，看到观众后，我会随机应变的。"

她的脸上一阵抽搐，"你真是让人不省心。"

如果你是家里的老大，那么你一定是站在我大姐这边的，在你们眼里，凡事都要做好充足的准备，临时抱佛脚绝对是不可理喻的事。老大总是时刻做好准备，做事有条有理，凡事都力求尽在掌控中。但是倘若你是家里的老小呢？那么你一定会说："就该这么做，莱曼医生，兵来将挡，水来土掩。"

在我们家，老大莎莉就是一个典型的完美主义者。

我们家的老二是我的哥哥杰克，像大多数处于这个位置的孩子一样，他的性格捉摸不定，很难精准地定位。通常情况下，老二与老大的性格是截然相反的。他们不喜冲突，是出色的调停者和谈判专家，也是十足的矛盾体——特立独行却又极度忠于同龄人。他们周旋于各色朋友之间，却又能保持一种特立独行的姿态。在家中，他们时常觉得被忽略甚至被遗忘，找不到相应的存在感，因此他们通常都是第一个离家的孩子，在家以外的生活圈里找到真正志同道合的人来依靠。

但是，从杰克的情况来看，他并没有朝与莎莉完全相反的状态发展，和莎莉一样，他为人严肃，行事谨慎，又十分踏实好学。那么问题来了，既然这些特点都是老大所具有的典型特征，那作为老二，杰克这样子又该怎么解释呢？很简单，他就是所谓的功能性老大——莱曼家族中第一个出生的男孩。（第8章将有详细的介绍。）

一般来说，老二们更愿意在远离家之外的地方开拓自己的天空，这不，杰克就是远远地离开了生他养他的上纽约州。而作为家里的老大，莎莉要更传统一些，她住的地方离我们成长的地方不过几英里。但是，要是杰克当初没有跑到图森的亚利桑那大学读研究生，那我和我父母也不会随他去图森，并定居下来。但是，事实上杰克去了图森不久后，我父母也跟着去了。当然，他们也带上了我。从那以后，我便在图森住了下来，这一呆便是45年多。

　　杰克出生五年后，小凯文（也就是我）出世了。根据我的出生次序经验法则来看，孩子之间要是相差有5到6岁，那么小的那个孩子便会开启一个"新的家庭"，而且他（她）在某些方面会发展出老大的特征。孩子之间要是相差有7到10岁（甚至更多），那么小的那个孩子便会觉得自己仿佛是"独生子女"一样，因为他（她）与哥哥姐姐们的年龄实在是差得太多了。

　　但是，需要注意的是，那些经验法则也不是颠扑不破的真理，毕竟一千个家庭，就有一千种培养孩子的方式。就拿我自己来说，就因为一个原因，那个经验法则在我这便瞬间瓦解。在我们家，我哥哥杰克身上压力重重，因为我们的父母对他的期望远远多于对我的期望。杰克的全名叫约翰·E.莱曼·朱尼尔。我的父亲从小就梦想成为一名医生，但小时候他家里实在是太穷了，最后读完八年级就辍学了。于是他就将这个梦想寄托在了杰克身上，希望杰克能从事这么一份体面的工作，以弥补他一直以来没有成就一番事业的遗憾。杰克背上承载着这样的压力，也难怪他身上会有那么多老大的典型特征了。虽然最后他并没有成为外科医生或是麻醉师，但他确实通过自己的努力，在临床心理学方面颇有建树，获得了博士学位。而我呢，他们则叫我"熊宝宝"或是"跟屁虫"。就像许多老小一样，我是家里的吉祥物，总是时不时地搞出一些事儿来，以博取大家的关注。

　　老小可不是像他们表现出来的那样没心没肺，他们心思敏感着呢。我很小的时候便知道我前面有两个超级闪耀的明星，于是我很快就明白，我并不能通过以获得成就的方式来获得关注，何况那时我取得的成就实在是太少了，根本就比不过哥哥姐姐。高中以前，我唯一称得上成就的就是进棒球队打球。春季学期开始后的那六个星期可是我的风光日，然而六个星期一过，等到功课成绩出来的时候，我也就傻了眼了。（不瞒你说，我的成绩糟透了，典型的头脑简单，四肢发达。）杰克是橄榄球四分卫明星，他才看不上棒球呢。在纽约西部的高中，足球才是主流运动，像棒球这种运动，也只有那些能抗冻的人才玩。那个时候春寒料峭，时不时还有暴风雪，因而观众也实在是少得可怜。

　　但是"熊宝宝"是不会一蹶不振或是善罢甘休的，既然没啥成就，那我就调皮捣蛋呗。于是，我变成个爱卖弄的捣蛋鬼，时而可爱，时而邪恶，把人弄得团团转。八岁的时候，在为我大姐的高中校队欢呼的时候，我终于找到了人生方向。原来，娱乐大家就能获得关注。所以，在小学和中学的时光里，我常常演这演那，时不时弄点乐子娱乐班里的同学。我可是有十八般武艺让老师们发狂，他们个个都对我头痛不已，以至于当我最后顺利毕业的时候，所有的老师可算松了一口气。

一切还得从家谱树说起

回顾你的成长岁月，想必你能在莱曼家的孩子身上找到相应的影子：有人是好学生，有人擅长运动，有人擅长表演，有人总是焦点，也有的人则很难归类。在我毕生的观察与研究中，我帮助过许多和你一样有困扰的家庭，在这个过程中，我也得出了几点结论：

1. 在你的成长岁月中，**家庭对你的影响最为深远**。没错，我知道，除了在家呆着，你还要上学，参加少年棒球联赛，吃吃巧克力蛋糕，上上音乐课，等等，但是比起家庭对你的影响，这些不过是沧海一粟，实在微不足道。在你还小的时候，你的父母，还有你的兄弟姐妹（如果有的话）在你的心里可是留下了难以磨灭的印记，深深影响了你的性格。并且，那种家庭的影响是根植在你的血液里的，就算你长大成人，离开了家，它都将不断地影响你，撩动你的神经。

2. 在你的一生中，**与你最亲密的关系便是你的原生家庭和你自己组建的家庭**。与原生家庭的关系要来得更加亲密一些，毕竟在那个家里，你光着屁股的模样或者穿开裆裤的模样可都被人看得一清二楚呢。在你自己组建的家庭里，关系亲密程度取决于你结婚的年数。现在，想想看你与你的兄弟姐妹认识多长时间了，有些人可是一辈子都与他们的兄弟姐妹往来密切呢。不管你爱不爱听，你与手足之间的关系比你与伴侣之间的关系还要牢固。而且，你的一辈子都会与你的父母有交集。家庭生活是相当独特的体验。家人与家人之间的关系是世上最亲密的关系，而你的出生次序在很大程度上则关乎着这种关系的亲密程度。

3. 你与父母之间的关系如流水，润物细无声，却是重中之重。 每个孩子的降临都意味着整个家庭结构的变化。父母如何与孩子相处关乎着孩子的最终命运。

我之前提过，我那个勤奋的父亲读到初二就辍学了，没能继续上学成了他心中最为不甘的念想，一直以来他都为此耿耿于怀。所以，他特别希望至少有个儿子能实现他的愿望，当上医生，以弥补他心中的遗憾。我认为，他之所以那么迷恋医生这一角色并不是出于救死扶伤这一神圣的出发点，只是在他眼里，医生受过良好教育，收入又体面，所以他希望自己的孩子也能过上这样的生活，而不要像他那样艰难辛苦。这样一来，"受教育的重要性"便是他一直以来对孩子谆谆教导的重要价值观，哪怕是"熊宝宝"小凯文也听得耳朵起茧子，潜移默化中也深受影响。

我父亲关于教育的一番谆谆教诲效果怎么样？我们来让结果说话吧。大姐莎莉方方面面都出色，功课门门都是A，一直读到了硕士学位；我的哥哥杰克成了临床心理医生；当年的小凯文，也就是我，最后阴差阳错竟也玩起了心理。莎莉和杰克有这般成就是意料之中的事，他们一直不都那么优秀嘛。倒是小凯文着实让人吃惊，这个曾经的小丑王子竟然也能拿到博士学位？有人会说，"真是丈二和尚摸不着头脑。"这事既然说不清，那就把它视为一个小小的奇迹吧。我的高中老师们应该会把它归为"重大奇迹"呢。

了解出生次序，发现并发挥你的优势

在你读这本书的时候，你会慢慢了解出生次序对你的影响，并更加清楚地认识你自己，在处理人际关系中也能如鱼得水，在商界摸爬滚打的时候也能更容易发挥自己的优势。

那么，你这根分枝是如何在整棵家族树上和谐生长的呢？其实，每个枝桠都有自己独特的生长方向，都会有独特的成就与贡献。当你认识到出生次序之于你的影响的时候，你就会更好地织好生活这张网；对于什么样的工作才是你的菜，什么样的工作你应当远离，你都能了解一二，从而在做选择的时候会更加坚定喜悦；不论你身处何种行业，你都能更加自信、更加巧妙地应对与老板、同事之间的关系。

你仔细想想，在生活中，你不是时刻与各种关系打交道吗？你去4S店买车，要是卖车的人一副爱理不理或是苦大仇深的样子，你会买吗？商业的运转说白了就是靠人与人之间的关系推动的。

那么，朋友之间或是相识的人之间的关系又是怎样一番情形呢？有趣的是，人与人之间交朋友都是"物以类聚，人以群分"的。你交朋友的时候，基本上都是找和你一样的出生次序的人做朋友。你要是不信，那就在你朋友间做个调查，看看他们在家里的兄弟姐妹中排第几。给你们说个我的例子。每年夏天，我们家都会到生我养我的西纽约州度假。我的妻子、我的大姐以及我挚友的妻子（她们全是家中的长女）都爱凑在一块儿去逛庭院跳蚤市场、旧货商店或是手工艺品展之类的。她们特别享受一起发掘奇珍异宝的时光。（她们所谓的"奇珍异宝"在我看来不过是"昂贵的垃圾"，这当然不能让她们听到。）

那么，对于婚姻来说，是不是各方面都相像的夫妻在婚姻生活中相处得更融洽和睦呢？当然不是，大多数情况下，相像的两人在婚姻生活中并不顺畅，由于两人各方面都差不多，因而很容易产生交集，搞不好便会干涉到对方的领地上，令人反感。（这就是为什么你很难看到两个税务会计在一起生活。）而各方面存在很多不同的夫妇则会不断地理解对方，欣赏对方的不同，反而使婚姻生活过得有惊有喜、有滋有味。毕竟丰富多彩的生活才有乐趣嘛。

在我做过咨询的客人中，当他们更好地了解出生次序对人的影响后，他们的生活便会得到改变。比如说，简最终理解了为什么她的丈夫约翰总是那么挑剔，而约翰也理解了一直以来令他抓狂的简的"小公主"心态。父母也终于明白，为什么13岁的姐姐各方面都那么优秀，门门都是A，而10岁的弟弟弗莱彻却门门都是C⁺、对于犯的错总是能一股脑抛到脑后、不长记性。这一切，都能从出生次序理论中找到答案。

猜猜谁是家里的老大

我有一个爱好，就是走到哪我都喜欢猜猜人们的出生次序，像服务员啊，出租车司机啊，参加婚礼的来宾啊，全国各地参加育儿研讨会的嘉宾啊，都是我猜的对象。

在一次研讨会上，我快速环顾四周，将目光锁定在10个人身上，觉得他们不是老大就是独生子女。第一眼看的时候，我只是单纯地凭外表判断。这些人仪表堂堂，穿着考究，就像是从 *Glamour*（编者注：英国著名的时尚杂志）的封面或是布克兄弟服饰广告中走出来的一样。他们的头发梳得一丝不苟，从头到脚的搭配相得益彰。此外，这些人还毫不犹豫选择了最前面的位子，因此我大胆猜测，这些人要么是老大，要么是独生子女。我的猜测通常十拿九稳，百发百中也是常有的事。

然而，我的这种"预测"引起了人们的质疑，有人认为我不过是在耍什么忽悠人的小把戏。所以，我开始解释了。

典型的老大是十分好认的，他们往往衣冠楚楚，把自己打理得清爽整洁，而老小们则往往端着酒杯在会场后边到处晃荡，他们都不会注意到我都已经开讲了。中间的孩子是最难判断的，他们把自己的位置拿捏得相当精准，对于不同的交谈对象，他们自有相应的模样，以至于很难区分他们的真面目。

当我解释完毕后，听众们的脸上一副豁然开朗的神情，想必是通过我的出生次序理论成功地对号入座了。

有时候，我也会在我的讲座上试试我的出生次序理论。最近在菲尼克斯做讲座的时候，我从观众中选了一名男士。我问了他一些问题，在短短的八分钟里便确定了他和他妻子的出生次序。我叫他做一下自我介绍，他说他喜欢独处，热爱读书，崇尚秩序。（你有头绪了吗？）对于他的母亲，他说她非常慈爱，对他非常关心，第六感非常强，是个非常好的母亲。好了，我知道了，这准是家里的老大。

我的下个问题是，他妻子的出生次序是否和他相反（要知道这样的组合更能幸福），还是娶了一个"和母亲一样"的人。没错，我敢肯定他的母亲是个完美主义者，因为她非常慈爱，总是为他着想。据我推测，他的妻子也很爱他，但是眼光非常挑剔，是个强势的主儿。于是，我又进一步大胆猜测，他的妻子保护欲很强，是个完美主义者，要靠近她必须找对路子，她很有可能喜欢什么事都自己上手。"我猜，你开车的时候，她肯定老喜欢在你旁边指手画脚。"我斗胆说道。

"比这还要命呢，"他一脸苦笑，"她压根儿不让我开车。"

"噢，我想起来了！"我恍然大悟的样子，"那天我见的小伙子就是你呀。你坐在后座上，还系着安全带。"

一听这话，坐在后排观众堆里的妻子坐不住了，她把手做成喇叭状，大声辩解："天哪，我这都是和我妈学的呀！"看到了吧，龙生龙，凤生凤。你家是不是也这样？

《今夜秀》上的百分百赌注

那该如何识别出家里的老小呢？他们是很好认出来的。《今夜秀》前主持人凯蒂·柯丽克采访我的时候，我就猜出，她是家中老小，上面可能还有两个哥哥或姐姐。

虽然我少猜了一个哥哥，但是凯蒂仍然惊讶得目瞪口呆，结结巴巴地说，"没……错，是……这样的，可是……你是怎么知道的？"

我很快解释说，虽然她打扮漂亮，穿着考究，但是她充满感情，活泼的本性一览无余。她和布莱恩特·冈贝尔搭档的时候，时不时会碰一下他，或是抓住他的胳膊，她那迷人的本性显而易见。拍摄结束后，凯蒂告诉我说，她并不喜欢别人说她"活泼"，而且对于出生次序理论也还是云里雾里，但是她不得不承认我的眼光很毒。我敢肯定那些摄像的人对这次节目也是十分感兴趣的，要知道他们录制的时候可是一直都在暗笑不已呢。

乾坤大挪移之角色互换

然而，出生次序也会有例外。比如说老小的行为举止可能会表现得像老大一样，而老大身上所具有的一些特征可能又与"典型"不符。

大家都认为，才华横溢的老大艾伦定能在广播界中闯出一番天地。然而，有趣的是，比他小3岁的弟弟卢克最后竟然也闯进了广播圈，而且比哥哥名头还要大。

这又是为什么呢？要知道，有时老小身上会具备一些老大的特征，原因在于……

请大家继续往下看吧。

02

——出生次序变量（1）

但是博士啊，这并不符合我的特征！

//

　　有一次，我正准备赴会发言，突然一个男人径直朝我走来，叫住了我。他的脸憋得通红，一脸愠色。"等一下，莱曼先生，"他的语气里满是挑衅，"我读了所有关于出生次序的内容，但没一样是符合我们家的。我虽是家中老小，但我是最富有责任心的人，不仅如此，我们家就我还看点书，其他人除了看电视还是看电视。这你该怎么解释呢？"说完，他交叉着双臂，尖锐地看着我。

　　我当然能解释。当某些实际情况与典型的出生次序理论发生偏差的时候，这种不吻合现象倒是使出生次序理论充满了娱乐性（信息性）。要了解这些，首先你得好好去了解一下心理学上的术语"家庭排列"，我更喜欢称之为"家庭动物园"。在我的事业生涯中，总有一些绝望的母亲来找我诉苦，说是快被家里三四个小不点儿折磨疯了。我一说家庭动物园，那些母亲准知道我在说什么。

　　在这么一个家庭动物园里，这些孩子都是一个爸妈生的，也都是在同一个家庭环境下成长的，怎么之间的差别就这么大呢？出生次序倒是可以给你好好地来解释一番。首先，你要了解的就是"变量"——不同的因素或力量都会对人产生深远的影响，不论他（她）的出生次序的是什么。

　　影响人的出生次序的变量有如下几个：
　　年龄差距——孩子之间的年龄差

性别——以及男孩女孩出生的顺序

生理或情感差异——基因当然非常重要

是否有兄弟姐妹死亡——要是发生得早的话，这会导致后一个孩子的出生次序往前提一位

收养——出生次序可能会受影响，也可能不受影响，取决于收养的时候孩子多大

父母的出生次序——不同出生次序下的父母，他们经营家庭或是带孩子的方式也是不同的

父母之间的关系——以及他们将个人价值观传达给孩子时的教育风格

父母是否严苛——父母过分严苛可是会有代价的

再婚家庭——再婚家庭可能会打乱先前的出生次序，取决于再婚时孩子多大

出生次序可不是简单的1、2、3

对于某些人来说，出生次序带来的特征之所以和现实情况矛盾，是因为他们（像大多数"专家"一样）只是简单地以为这些特征不过是按照时间的前后排序而已。这样一来，他们就觉得第一个出生的孩子应该都是这样的，老二应该都是那样的，老三应该都是另外一种样子的。

但是，生活中我们也发现，有一些孩子的行为举止和他们的出生次序是大相径庭的，而且就算孩子看起来十分具备其出生次序（老大、老二等）的一些典型特征，他们也会表现出其他出生次序应有的特征。这就是变量在捣鬼，它会使得不同出生次序下的孩子应有的特征发生"错位"。

就拿我的儿子来说，他上面有两个姐姐，下面又有两个妹妹，于是乎，他刚好就处于"正中间"的位置。然而，他也算是家中的老小，因为在他出生五年半后，他的妹妹汉娜才出生，这样一来，他也算是享受了五年半的老小时光。因为是家里唯一的儿子，所以他也是个功能性老大。这样一来他就同时具备了各个次序的特征了。

虽然每个次序有它独特的倾向和特征，但要了解出生次序特征的真谛，关键还是要看家庭成员间的动态关系。不同次序出生的孩子其特征之所以会发生错位，其实都是变量搞的鬼。

　　接下来我们将重点聊聊影响孩子出生次序特征的几大变量——年龄差距；性别；生理或情感差异。当然，我们也会稍微讲讲诸如多胞胎、手足死亡、收养等变量的影响。

年龄差距可以产生一个以上的"家庭"

　　在每个家庭中，孩子间的年龄差距是影响出生次序特征最显而易见也是最关键的变量。对于年龄差距这一现象，不知你有没有注意到，每当家里迎来第二个孩子的时候，就会出现长子被"打入冷宫"的现象。前一秒，老大还是家里的掌上明珠，捧在手里怕摔了，含在嘴里怕化了，然而老二一出生，画风立转，谁不喜欢这个粉嘟嘟的小可爱呢？于是乎，老大就觉得自己不再是家里独一无二的孩子，"专宠"的地位一下子就失去了，要是家长们没有把握好爱的天平，那老大的自尊心可能就会受到冲击。

　　许多父母都奉行两年一孩（实际上三年是最"理想"的）的策略，然而这看似完备的策略常常会出现差错，很可能一不小心就怀上了啊。因此，相邻两个孩子之间差上个五岁、六岁甚至是更多岁是常有的事，这样一来可能就会产生"新的家庭"。在这里，我只是说"可能"，因为我们不能排除其他的变量因素的干扰。就拿我和我哥来说，我们俩相差五岁，我原本可以和父母自成一个家庭，那样我也就会成为功能性老大，然而由于一些因素的干扰，这种现象并没有发生。我们来看看下面这个例子，这样你就能理解什么是"第二个家庭"了。

A家庭

男孩——14岁

女孩——13岁

....

男孩——7岁

女孩——5岁

　　在这个家庭中，孩子之间明显有断层，老二和老三之间相差六岁，因而老三极有可能会表现得像个老大一样，当然这也不是说老三就完全没有中间孩子（家里若有四个孩子，那老二、老三便都属于中间孩子）具有的特征。他仍然会是一个善于协调、广交朋友的人，但他也可能会像个"小大人"一般，尽心尽责，严肃认真。要知道，家里除了父母是成年人外，哥哥姐姐也都比他大得多（厉害得多），他前面有那么多榜样，多少会耳濡目染，因而他身上有"老大"的影子也不足为奇了。

　　那么，要是我把上面的老三、老四换掉，换成三岁的男孩又会怎么样呢？

B家庭

男孩——14岁

女孩——13岁

....

男孩——3岁

　　现在这个家庭会是什么情况呢？在这个家里，老二和老三之间已经差了七岁以上，因此老三极有可能会变成"类独生子"。一般来说，要是父母和哥哥姐姐对老三非常疼爱，那么这个孩子便会理所当然地具备"老小"的特征。相反，倘若这个孩子并没有得到多少"小心肝"般的偏爱，一直都是孤零零的，那么他很容易就会养成独生子一般的性格，因为只有不断努力，他才能赶上能干的哥哥姐姐。

莱曼家的"第一个家庭"

要想更真实地了解年龄差距对出生次序的影响，我可要搬出我们家的例子了。我和我妻子桑德的第一个孩子是我们的女儿霍莉。一年半后，我们迎来了二女儿克莉丝。克莉丝四岁的时候，儿子小凯文出世了。

在这个模式的家里，我们这几个孩子都非常符合典型的出生次序特征。大女儿霍莉安分克制，聪明又勤奋，做事从来都是一丝不苟的，要求分毫不差，是个典型的完美主义者。比如说，参加一个活动的时候，要是她想知道离开的时间，我可不能打马虎眼说"大概中午"吧，我必须给个精确的时间："我们11:55就走。"

所以，霍莉最喜欢的电视节目是韦普纳法官的《人民法院》也就一点也不意外了。（后来，她还成为了法官朱迪的头号粉丝。）大学毕业后，霍莉回到了图森，在当地一所公立高中教二年级英语和创意写作。在她当老师的头一年里，若是碰上她班上的学生家长，我们常常听到的话不外乎两点：一开始，他们对于霍莉的教学方式基本上是持肯定态度的，但是，接下来，他们就会话锋一转，开始抱怨学生"课后留校"的事。

"是不是你们家的孩子课前没预习啊？"霍莉反驳道。

"可能是吧，但是孩子一直都有在学啊，已经尽力了呀！"家长们都会这样回答。

显然，霍莉崇尚规矩，做事一是一，二是二，是绝对不能容忍不做课前预习的。后来，霍莉在不同的学校里做过英语老师、管理员、英语系院长，还有课程研发员。

我们的二女儿克莉丝最后也做了老师，教二年级。后来，她成为了课程主任。工作一年后，校长告诉她，在他25年来的校长生涯里，她是唯一一个让他无可诟病的教师。之后，尽管困难重重，克莉丝还是竭尽所能投入到整改学校办学制度的运动中，并成为了最受欢迎的老师，不信你问问我那两个外孙。

那么，克莉丝是不是也像她姐姐一样，勤奋认真，规矩守时，凡事都苛求完美呢？当然不。克莉丝之所以能把学生管得服服帖帖，原因就在于学生们都爱和她亲近，她对学生而言是没有距离感的。她知道如何去协调，如何在家之外交到朋友，这就是克莉丝作为老二的典型特征。克莉丝从来都不缺朋友，她一直都爱交朋友。记得她第一天上幼儿园的时候，可把她妈吓得够呛。你猜怎么着，这姑娘从幼儿园出来竟然没有直接坐校车回家，而是跑到她最要好的朋友家里玩去了。

有一点需要注意的是，克莉丝四岁后，我们才有了小凯文，也就是说克莉丝至少当了四年的老小，而在那四年的老小时光里，克莉丝作为家中的焦点，已经初步形成了她的生活方式（看待自己和世界的方式）。这样一来，也就不难理解，她为什么总也甩不掉"克莉丝"这个孩子气的名字了，毕竟她可是当了四年的老小啊。我总是和她说，至少在退休前得把自己的名字改为正式的"克丽丝"或是教名"克丽丝汀"吧。

我们的第三个孩子凯文是个典型的老小，他贪玩、幽默、富有创造力、写作技巧也在行。目前，凯文是一名喜剧作家，供职于一档最有趣的电视节目。他获得过两项艾美奖，写了两个电影剧本。他就是具有"多重出生次序性格"的典型：爱玩乐（看到没，他现在可是靠写喜剧谋生的）；富有创造力，天生就是个作家（这可是许多老大具有的特征）。

凯文在老大和老小的世界里游刃有余，刚好就具备了最好的特征。由于他最小，他那两个姐姐为了好玩，常常给他打扮来打扮去。有一次，我们开着一辆大货车去旅行，车子后备箱里安了张床，孩子们就在那里睡觉。趁着凯文睡觉的时候，他那两个姐姐就用各色各样的荧光笔在他身上涂来涂去，而凯文居然一点反应也没有，睡得还是那么香。

凯文虽然是家里的老小，具备老小的魅力，但他毕竟也还是家里的第一个男孩，所以当然也会具备一些老大的特征。你往下看，就会明白了。凯文在艺术学校上学的时候，他可是相当有人缘的。有一天，一个把生活搞得乱糟糟的女同学问他："凯文，你咋天天都那么开心啊？"

"你真的想知道吗？"凯文问道。

"当然，快告诉我吧！"

"那是因为，我热爱上帝，而且我的家干净又整洁。"

凯文将这件事告诉我的时候，我开心极了。但是他接下来的话更让我印象深刻，他说："爸爸，那个女孩子还在吸大麻，不过没有之前那么多了。现在，她虽然还会偷东西，但也听得进他人的劝阻。有次我们去迪士尼玩，从礼品店出来的时候，她一副得手的样子，一看准是又下手了，于是我叫住她，对她说'别这样，把它交出来'，她就乖乖地把东西从包里拿出来给我，然后我就监督她将东西物归原处。"

看到没，凯文不但具有老小那种喜欢玩乐的本性，还具有老大那种强烈的责任心。凯文现在已经30岁了，事业有成，家庭和睦，与同事的关系也融洽，不得不说，凯文可比那时候的我强多了啊。

莱曼家的"第二个家庭"

《出生次序之书》出第一版的时候，我的孩子都还很小：

莱曼家庭（1980年代中期）

霍莉——12岁

克莉丝——10岁

凯文——6岁

当时，我和桑德都认为，我们家已经很完整了，一家五口刚刚好，不会再要孩子了，殊不知，"第二个家庭"正悄然而至。

1987年，在凯文出生九年多以后，我和桑德竟然迎来了第四个孩子汉娜，真是个小"意外"。

汉娜和凯文之间的年龄相差这么大，毫无疑问，汉娜开启了莱曼家族的第二轮次序排列。汉娜小时候很乖，并不折腾人，完全就是一副"老大"应有的温顺性格。2岁的时候，她就懂得向父母表达意思了，当然都是以一种温和的方式。比如说，她要是困了，就会跑过来，拉起我们的手，说："累了。"11岁的时候，她就已经显露出了艺术天分。汉娜现在已经22岁了，刚刚大学毕业。

然而，莱曼家的"第二个家庭"并没有在汉娜这边打住。五年半后，又一位小公主劳伦"闯"进了我们的生活。在40岁的尾巴上竟然又喜得千金，这可真是让我又惊又喜，就连我那一向沉着冷静的妻子也都感到措手不及。等到汉娜终于上幼儿园的时候，桑德才终于松了一口气，终于有了属于自己的时间。

小劳伦刚一出生，我们一大家子就已经准备好了这个小不点儿的到来，我们对她就像当初对她的哥哥姐姐那样宠爱有加、呵护备至。现在劳伦已经16岁了，虽然她是这"第二个家庭"中的老小，更是整个莱曼家庭中的老小，但她和凯文一样，具备所有"老大"那样的特征，毕竟她和她的姐姐汉娜可是有五年半的年龄差呢。现在，我们的家里是这样的情况：

莱曼家庭（2009）

霍莉——36岁，名副其实的老大，英语教师

克莉丝——34岁，典型的老二，教育家，已有两个孩子

凯文——30岁，功能性老大，荣获艾美奖的喜剧作家

汉娜——22岁，具备许多老小的特征，教师

劳伦——16岁，家中老小，同时具备老大的许多特征，一丝不苟，小心谨慎

劳伦出生之前，汉娜可是家中的小公主，由于上头的哥哥姐姐比她大那么多，于是在家里，俨然就有五个"父母"在宠溺着她。至少在她眼里，那五个人比她大，比她强，因而也都是她学习模仿的榜样。后来，劳伦出世了，抢占了老小的地位，成为了众人的焦点。但是由于她和汉娜之间的年龄也差了5岁以上，因此劳伦不仅是名副其实的老小，也是功能性"老大"呢。要说汉娜有五个"父母"，那劳伦可是比她还多一个。

我们说的没错，后来劳伦身上确实表现出了一些"老大"的特征。在劳

伦两岁半的时候，她就将她的小录音机放在地板上，然后将她的磁带整整齐齐地一字儿排开。在我这种上厕所都不排队的老小看来，这样的举措也真够吓人的。

劳伦的这一特征在她五岁那年表现得更加"令人发指"。那天，我们一大家子聚在厨房里，抱怨着第二天乱糟糟的日程安排。事情是这样的，桑德因为和牙医有约，于是接汉娜放学的任务就落到了克莉丝身上。霍莉要开教职工大会，而我也有会议在身。于是，我们都约好5:30在一家餐厅碰面，进行家庭庆祝晚宴。大家都在聚精会神地讨论着各个细节，突然，五岁的劳伦冒出一句："天哪，天哪，天哪，这真是太复杂了。"一时间，大家都怔住了，目瞪口呆地看着她。

我不知道劳伦从哪儿学了"复杂"这个词，但是，显然她知道这是什么意思。（实不相瞒，我五岁的时候压根儿就不知道这个词。）我不认为这是一个五岁的孩子惯有的洞察力，更何况她还是个老小。但是，不得不说，这正是年龄差距变量在劳伦身上的体现。只要家中老小和上一个孩子之间的年龄差得足够多，那么这个老小很有可能就会具有一些"老大"的特征，父母和哥哥姐姐们的影响不容小觑。诚然，老小并不是名副其实的老大，但他（她）身上很有可能也会背负着一些跟"老大"一样的压力。（第4章将有详细介绍。）

西南航空为何如此有趣

要想切实地了解年龄差距是如何使"老小"和"老大"发生性格错位的，西南航空公司前任总裁和首席执行官赫布·凯莱赫便是个活生生的例子。有一天，我饶有兴趣地在地方小报的商业专栏里读到一篇文章，讲的是凯莱赫和他的团队已经将西南航空做成了最赚钱的公司，凯莱赫给出的成功秘笈是："我们的市场定位精准又有个性，消遣、惊奇和娱乐就是我们的终极目标。"

我在这句话边上写了批注："赫布肯定是个老小。"后来，我电话采访了他，他告诉我说，他确实是家中的老小（家里有四个孩子），他与最小的哥哥相差九岁，另外两个哥哥分别大他13岁和14岁。赫布前面有这么多优秀的榜样，也难怪他能登上总裁的地位，将西南航空公司经营成最有"钱"力的公司。

这就是为什么凯莱赫身上既有老小的性格，又有老大的特质。作为首席执行官，他浑身上下散发的是老大的特质，但与此同时，他又追求个人享受，这又是老小的一面。不知你有没有看到过西南航空的电视广告，凯莱赫在里面就像一名裁判员一样，要是哪位粗心大意的员工怠慢了旅客的行李，他就会亮出红牌，给予处罚。虽然凯莱赫并不强迫员工去取悦顾客，但是员工们都会主动这么去做。你要是坐过西南航空，就知道我的意思了。西南航空的空姐们会给乘客们唱滑稽的歌曲！看吧，这就是凯莱赫的绝招！

还是首席执行官的时候，凯莱赫就说过："我们从不要求员工去取悦顾客。我们只是告诉他们，要是这么做觉得舒服自在，那就太棒了！要是不自在，那也没关系。很多事情都是他们主动去做的。"

性别的变量

与年龄差距这一变量同样不容小觑的便是性别变量。我们都知道，家中老小也会成为长子或长女。我之前提到过，许多美国总统由于是家里的第一个男孩，于是乎就变成了家里的功能性老大。一直以来，对于出生次序理论在政治领袖身上起到的作用，我都颇为感兴趣。

有一次，我在图森的一处旅游胜地给一个年轻的总统团队做演讲。期间，在我讲到出生次序对于人们的影响时，我让在座的各位就自己的出生次序分别举手示意一下。这时，我注意到，远远坐在角落里的亚利桑那州的州长法伊夫·赛明顿举手表示他是家里的老小。

我直勾勾地盯着他的眼睛，坚定地说："赛明顿州长，恕我冒昧，你根本不是家中的老小。"

他一脸诧异地看着我，好像在说："什么？我还不知道自己在家排第几啊——我就是老小啊！"

"我知道你不相信我，"我说，"你能和我说说你家里的情况吗？"

"好吧，"州长回答道，"我有三个姐姐……"

"那么你就是家里唯一的男孩啰？"我打断他说。

"没错，是这样的。"

"那就不会错了！无须赘言，州长，你就是家里的长子——赛明顿家中第一个出生的男孩。"

有意思的是，后来赛明顿做州长期间一直动荡不安，这就是老大与老小两种特质相互影响造成的结果——既有老大的优点，又摆脱不了老小的缺点。

为了进一步阐释性别变量对出生次序的影响，我们颠倒一下赛明顿家里的情况，也就是说，把三个姐姐和一个弟弟换成三个哥哥和一个妹妹，结果会怎么样呢？自然不用说，这个家里的某个孩子肯定会有特殊的变化。

家庭C

男孩——16岁

男孩——14岁

男孩——12岁

女孩——11岁

毋庸置疑，这个女孩在家里的地位肯定不一般。那么，在这个家庭中，哪个孩子的地位最不讨喜呢？自然是12岁的老三。在妹妹出生前，母亲已经进了三次产房，每次抱回来的都是男孩，因此可想而知父母有多渴望拥有一个女孩了。所以当妹妹降生的时候，即便老三也才是个一岁多的小男孩，他也必然会受到冷落，地位远不及这个小妹妹。

那么，谁的地位又比较占优势呢？老大在学校里很有可能表现最突出，因而他受到父母重视的可能性比较大。当然，他也会受到老二的诸多挑战，因为不管什么时候，若老大、老二性别一致，那必定会摩擦不断。老大要是在功课方面很出色，那老二很有可能擅长运动，或者喜欢学校乐队（兴许他还会自己组建摇滚乐队），从而把运动的位子让给老三。要是老三真的在运动方面颇有兴趣与天赋，那也是一件好事，因为这样一来，他也能从被妹妹打败的阴影中走出来。

家庭C仅仅只是阐释性别对家庭影响的其中一个例子。也就是说，当某个孩子由于性别差异而变得"特殊"，那相邻的孩子必然会面临巨大的压力与挑战。

长得高大，关注也多

一个人的颜值、个头或是能力的差异，也会使得出生次序特征发生偏差，甚至是发生翻天覆地的变化。小切斯特今年九岁，是家里的老大，之所以还在他的名字前加个"小"字，是因为与他那"大高个"的弟弟比起来，他确实是"小"得很——只比他小一岁的弟弟，可是足足比他高出了半个头，重了二十多斤。这个家一共就两个孩子，因此这两兄弟之间必然"兵刃相见"，竞争连连。切斯特可得要机灵一点，不然他的日子肯定不好过。他那个高大的弟弟很有可能在不知不觉中夺走老大的位置，而他便会落到老二的下场。这就是角色大逆转，指的是两个孩子之间发生了180度的大转变。

这样的例子不胜枚举，就比如说，一个家庭有两个女儿，一个女儿貌美如花，另一个女儿却普普通通。倘若姿色普通的这个女儿是老大，那她就会举步维艰，活在漂亮妹妹的阴影下。倘若漂亮的那个女儿是老大，那平凡的妹妹可得有些秘密武器，比如说在运动或学业方面特别优秀，以此来捍卫自己的地位，不然的话，也就只能永远活在"平凡小妹"的世界里了。

在小切斯特和他那个大个弟弟的例子中，我们可以看到，外表上的差异可以使得弟弟表现得更像个老大，反之亦然。此外，若是家中有人患了重病或是残疾，那么孩子们之间的角色也会受到影响，从而发生一定的错位，甚至是来个乾坤大挪移。请看下面这个家庭，老大患有脑瘫：

家庭D

女孩——14岁，患有脑瘫

女孩——12岁

男孩——10岁

这就是角色转换的另一种情况。在这个家庭中，姐姐患有残疾，因此妹妹毫无疑问就会接替老大的位置，变得更像个姐姐。

那身为老小的弟弟又会是什么模样呢？毋庸置疑，他是家中第一个出生的男孩，但由于大姐的影响，他可能享受不到多少老小的待遇，因而他身上老小的特征微乎其微，更多的则是一副老大的做派。

近几年来，心理咨询师们发现，患有ADD（注意力缺陷障碍）和ADHD（注意力缺陷多动障碍，又叫多动症）的孩子越来越多。不管它叫什么，这种生理或心理障碍可是会严重影响孩子们的出生次序特征的。打个比方说，假设一个家里的老大（男孩）患有多动症，而老二（女孩）看起来"一切正常"，这样一来，父母就会把这个儿子看作是只会惹是生非的害群之马，而身为老二的女儿便会受到父母的重视与期望，进而取代老大的位置。

多胞胎对于次序的影响

多胞胎是影响次序的又一重要变量，近几年来多胞胎屡见不鲜。对于多胞胎而言，双胞胎是我们常见的组合。双胞胎们总是很特别，他们往往都知道谁是第一个出生的，就算只比另一个早出生一分钟，那他（她）也会沾沾自喜地告诉你谁是老大。

不管这对双胞胎有没有兄弟姐妹，他们自身就形成了一个老大老二的小团体，既是竞争对手，又是合作伙伴。通常情况下，老大往往是个领头羊，老二往往是个小跟班。然而，有些双胞胎则是动真格的，他们之间总是很激烈，尤其是当两个人性别相同的时候。这种情况下，角色转换的情况也不足为奇。

从整个家庭来看，多胞胎的地位总是不一般的，不论是上头的哥哥姐姐，还是下头的弟弟妹妹，多少会受到来自多胞胎的冲击力。我们来看看后来出生的双胞胎会对家庭产生怎样的影响，这种情况时有发生，女人在40多岁时生双胞胎的概率可比20多岁时大多了。

家庭E

女孩——12岁

男孩——10岁

双胞胎男孩——7岁

女孩——3岁

在这个家庭中，双胞胎上头既有姐姐又有哥哥。哥哥姐姐对于双胞胎弟弟的出生可能还有些应对策略，不至于受到"冷宫"待遇，而底下的妹妹可是遇到大麻烦了，即便她是家中的老小，那也抵不过双胞胎哥哥的吸引力。但是，还好她是个女孩，要是个男孩的话，那可真是永无出头之日啊。试想，上头7岁的双胞胎哥哥"珠联璧合"一唱一和，可比这个小弟弟来得出彩多了，因此想要引起父母的注意，那可是比登天还难。除非父母意识到这个问题，否则这个小弟弟可是会被双胞胎哥哥逼到深渊。

这就有点像我曾经录制《视野》（The View）访谈节目的时碰到的经历。当时，在录制好我的那六分钟后，观众的反应非常热烈，我知道自己表现得不错。我回到休息室，大家都开始鼓掌。喜剧演员乔恩·斯图尔特是下个出场的人，他认真地看着我，说道："真有你的。"这几个字虽说是乔恩·斯图尔特对我的赞赏，但换言之，他的意思是："嘿，你的表现可真是精彩，令人望尘莫及。"

家里的孩子们也会有这种情况。要是家中的哥哥姐姐表现相当优秀，那么下面的弟弟妹妹就会产生这样的想法："哥哥姐姐这么厉害，我还尝试个什么劲，我肯定比不上他们的。"

但是，多胞胎的出生倒是能打破这种魔咒，反而会令哥哥姐姐们感到压力与挑战。1997年11月，爱荷华州卡莱尔市的波比和肯尼·麦考伊生了七胞胎，这便是个最有说服力的例子。据说，七胞胎中有4个女孩和3个男孩，他们上头还有个姐姐米琪拉，这个姐姐当时只有21个月大，根本不明白家里一下子要多出七个人，她的地位岌岌可危。毫无疑问，小米琪拉很快就会听到弟弟妹妹们铿锵有力的哭啼声，一声一声地宣示着自己在麦考伊家的地位与存在。

七胞胎出生后不久，我有幸在一次脱口秀中与七胞胎的外公外婆（波比的父母）进行交流。在节目后半段中，我们谈到七胞胎一定会夺走大姐在家里的地位。我当时就建议，波比和肯尼将"浩荡七兄妹"接回家后，他们一定得不断开导米琪拉，告诉她，"你是个大姐姐，你一天只要睡一觉，但是小弟弟小妹妹们一天要睡好几觉。"父母双方最好有一人能抓起她的两只小手，伸开十个手指头，告诉她，弟弟妹妹们一天得睡十次觉，加起来就是七十次！

还有个建议更加直接，就是要告诉米琪拉，她是大姐姐，得帮妈妈照顾小宝宝，做些力所能及的事，比如说拿尿布、奶粉之类的小事。

除此之外，我倒是十分担心七胞胎中的老大。在出生之前，这七个小家伙挤在小小的子宫里，形成一个倒三角，而小肯尼斯离出口最近，因此便是这个三角的根基，肩负着带领弟弟妹妹们冲锋陷阵的职责。医生们给小肯尼斯取了个绰号叫"大力士"，这不仅仅是因为他在子宫里的艰巨任务，还因为他一出生足足有3斤，是七胞胎中个头最大的，也是第一个出生的。这样一来，可想而知大家会对小肯尼斯寄予怎样的期望。

死亡的影响

死亡也是影响出生次序特征的一个不可忽视的变量，这里给大家举两个例子。第一，假设一个家庭有两个儿子一个女儿，大儿子四岁的时候死于脊膜炎，留下两岁的弟弟和六个月大的妹妹。不难想象，两岁的弟弟理所当然就接替了老大的地位，而他的妹妹虽是家中的老小，长大后则更像是一个长女。

第二个例子是，假设家中最大的孩子12岁出车祸去世了。他那10岁的弟弟一下子就变成了老大，老大的任务和责任就落在了他的肩上。但是，他真的会表现得像个老大吗？答案是否定的。过去十年来，他一直都是老二，已经习惯了前面有个哥哥。现在他却突然要担负起老大的职责，显然是不习惯的，毕竟他在这个领域没有一丁点儿经验，自然也就无从下手，压力重重了。

在此之前，凡事都是由哥哥担着，作为老二，日子倒也过得舒坦。现在哥哥这么一走了之，本来就已经够伤心的了，现在他又要接替老大的位子，肩负起家庭的期望，十分措手不及。他成为了家里的"顶梁柱"，注定要继续大哥未完成的生活，这能不令他头疼吗？

现实中有个类似的真实例子。第二次世界大战期间，约瑟夫·肯尼迪在一次轰炸任务中牺牲了，他的弟弟约翰不得不成了家里的"顶梁柱"。从那以后，约翰·肯尼迪一直都活在哥哥（父亲的掌上明珠）的影子里，哪怕后来他当了总统，也还是没有摆脱哥哥的影子。

收养的影响

那么，收养又是怎么影响出生次序特征的呢？要是收养的孩子刚出生不久，那他（她）就不会影响原来的次序。然而，现在越来越多的人都喜欢收养年龄稍大的孩子，比如3-5岁的样子，甚至更大。养父母们得注意了，一个4岁的孩子在新的家庭里可能是最大或是最小的，但这并不意味着他（她）就会表现得和老大或者老小一样，要知道，他（她）的身上可是带着原来那个家庭（原始家庭、寄养家庭或是福利院）里的记忆，相应的次序特征说不定已经定型了。

还有一点需要养父母们注意，尤其是对那些已经有亲生孩子的养父母来说，不自觉地偏爱自己的亲生骨肉可是一件非常危险的事。家里的孩子一定要一视同仁，千万不能给某个孩子开小灶，没有孩子愿意被当作"局外人"，因此父母在考虑收养孩子之前，一定要细细斟酌，再做最后的决定。

此外，我建议父母在收养孩子时，千万不要收养比亲生孩子大的孩子。不然，这个"外来人"可能会对与他（她）年龄相近的孩子造成不好的影响。举个例子，假设一对夫妇本已经有了一个3岁的孩子，后来又收养了一个5岁的孩子。接下来会发生什么呢？这个3岁的孩子一下子不再独享父母的宠爱，还要和比他（她）大、比他（她）聪明的人竞争。碰到这种情况，一定要记住：通常情况下，在家里，比我们稍大一些的人对我们的影响最大。如果收养的孩子年龄较大，那么他（她）必然会与下面年龄相近的弟弟妹妹发生冲突。

由此看来，各个次序出生的孩子，他们身上具有的典型特征不是固定不变的，它们会因某种变量的影响发生错位，甚至是完全转换，孩子们和父母们通常都无法控制。但是有些事，父母们是可以一手掌控的，这就是我们下一章的主题。

育儿方式不同会有怎样的影响

03 ——出生次序变量（2）

/ /

父母的角色也能影响孩子的性格特点吗？答案当然是肯定的，而且影响非常之大。目前为止，我们探讨的变量（年龄差距、性别、生理或情感差异、多胞胎、死亡以及收养）都是和孩子相关的。但是，毋庸置疑，父母也是影响次序特征的一大因素。在本章中，我们会仔细探讨父母的出生次序、"虎妈狼爸"、父母的价值观以及再婚家庭这几个因素。这些因素都是影响孩子（尤其是家中老大或独生子女）的有力变量。

你的出生次序是什么？

那么，父母的出生次序又是如何影响孩子的呢？最明显的表现是，父母总是会有意无意地"照顾"与自己出生次序相同的孩子，这样一来，父母要不就是给这个孩子巨大的压力，要不就是过分偏爱他（她）。

在亚利桑那大学任客座教授那阵子，我带了一个儿童心理学专业的研究生班，我的学生们大部分都是在职教师或辅导员。有一次，我决定在200名学生面前做一个"家庭动物园演示"，于是，我请来了一个母亲、一个父亲和三个孩子，在学生面前和他们进行了一次有趣的互动交流。

送走这个家庭后，我就问了学生一些问题。由于在座的学生大部分都是这方面的专业人士，所以我对他们的看法很是期待。虽然每个学生都有自己的看法，但是大部分人都认同一点："你好像特别关注那个最小的孩子，那个四岁的小女孩。"

我不假思索地说道："是呀，她很可爱，不是吗？"话一说出口，我立马意识到，我当然觉得她可爱，因为我也是家里的老小啊！从小到大，我不也是一直都把"么么哒"当作自己的标签嘛！

看看我家里的那三个孩子，在他们的成长过程中，谁最讨我的喜爱呢？当然是我的儿子小凯文啦。在霍莉13岁、克莉丝11岁的时候，她们经常来向我告状，抱怨7岁的小凯文是如何烦人，然而我并不生气，反而帮着小凯文说话："姑娘们，他是家里的老小啊，老小都是这么和姐姐们相处的。"由于我和小凯文都是家中老小，因此我总是不自觉地偏袒他。你觉得霍莉和克莉丝会买账吗？当然不！

虎妈狼爸真是让人不好过

就拿我来说吧，我仗着自己是老小，总是有恃无恐，于是就老是缠着哥哥姐姐，令他们苦不堪言，但由于我是老小，他们自然也就不和我计较。但是有一点我必须澄清，不是所有与父母同出生次序的孩子都会受到"宠爱"的，要是父母都是老大，他们对孩子的态度可是非常强硬的，他们就是我所说的"虎妈狼爸"那一类型的父母。他们可不会溺爱老大，反而可能会对他（她）相当严厉，因为他们凡事都有严格的标准，别说做父母了。看看下面的例子，你就知道我的意思了：

家庭F

父亲——老大，完美主义者，牙医

母亲——老大，家长会会长，号召力强

大女儿——16岁

二女儿——14岁

小女儿——12岁

在这个家庭中，谁最受宠呢？肯定不会是老大，原因至少有两点：第一，她出生时，父母也都是新手，没什么经验；第二，她的一举一动都在两个严厉的完美主义者的眼皮底下。

最受宠的可能是老二，因为大姐在一定程度上为她削弱了"枪林弹雨"的冲击力，消耗了两个完美主义者（父母）的精力，因而老二过得也就不会那么紧张了。那么，作为家中的老小，小女儿的情况又如何呢？她能发挥老小的魅力，吸引大家的目光吗？这可不好说。要知道父母通常会比较偏爱与自己出生次序相同的孩子。身为牙医的父亲和身为家长会会长的母亲，他们都是家里的老大，因而很有可能看不上早熟或是世故的老小。

现在你该明白我的意思了吧，父母的个性以及教育风格关乎着一个家庭的变化。要是父母奉行独裁主义，那么他们可能就会对家里的老大过分严苛，甚至不合情理，这样做往往适得其反，老大不仅不会像大多数老大们一样在学校表现出色，反而会变成反叛者，将父母的完美计划弄得一团糟。

你是否具有"虎妈狼爸"的特质？

若有下面的征兆，你可得注意了：

1. 孩子患有拖延症。

2. 孩子画了幅画，然后撕了，和你说，画的不好。

3. 孩子总是要将作业反反复复检查好几遍。

4. 半小时的作业孩子竟然花了四个小时才做完。

5. 看什么都不顺眼。

6. 总是要把孩子做的事重新来一遍（例如，将孩子铺的床重新铺一遍）。

还记得第1章中那两个角色互换的播音兄弟吗？在那个事例中，艾伦之所以会逊于弟弟卢克，他们那严厉、凡事都追求完美的父母可是"功不可没"。正是由于父母的影响，卢克最后超越了哥哥，一定程度上代替了老大的位置。我在录制广播节目的时候，经常会有观众问我，"医生啊，我家那个老大在学校里的表现糟糕透了，我该怎么办啊？"我发现，之所以会出现这样的问题，多半是家长的教育方式出了问题。要进一步了解教育方式对孩子的影响，我们先来看看下面这个家庭的情况：

家庭G

女孩——10岁

男孩——8岁

在这个家庭中，我们需要关注的是：父亲是如何教育10岁的大女儿的，母亲又是如何应对8岁的小儿子的。关注点为什么是这个呢？因为家庭中跨性别的亲子关系，也就是母亲与儿子、父亲与女儿之间的关系是十分重要的。如果母亲过于关注10岁的女儿，而忽视了8岁的儿子，那么这个男孩肯定会和姐姐形成强大的反差。他很有可能会充分发挥长子的特征，好斗勇猛，随时准备着捍卫自己的地位。

但是，倘若母亲更加重视小儿子，那他自然就会形成一副老小的做派，爱玩爱闹，感情充沛，说不定还会更加体贴女性。要是母亲温柔慈祥，从不啰唆废话，母子俩关系融洽，那这个男孩日后必定就会懂得尊重、欣赏女性，能够和女性自然相处。而且，毫无疑问，他也会建立起一个幸福美满的家庭。

假设这个父亲眼光挑剔，是个十分严苛的"狼爸"，那么他很有可能会"毁了"他的大女儿，而他的儿子就会成为真正的老大。有这么个凡事都吹毛求疵的父亲，大女儿通常会时刻绷着一根弦，逼迫自己做到最好，由于缺少父亲的赞赏与认可，这个大女儿就会陷入恶性的发展，等她长大结婚后，她的丈夫就会为此买单。

李·艾科卡为何能成功

在所有影响出生次序的变量中，父母的价值观乃是重中之重，几乎可以凌驾于任何变量之上。在福特和克莱斯勒汽车公司颇有名望的李·艾科卡便是很好的例子。艾科卡是家里的老大，上头有个比他大两岁的姐姐。要想更好地了解他，我们得先了解他父母的价值观。艾科卡的父母是意大利的移民，十分宠爱自己的子女，对孩子们奉行的一直都是"尽你最大的努力"这一教育理念。

艾科卡既是家中的老小，同时也是家中第一个出生的男孩。这样一来，他身上承受的压力可想而知，这些压力不断地逼迫着他前进，他的父亲更是对他寄予了很高的期望。高中毕业的时候，在全校九百多名学生中，艾科卡位列12。你猜他父亲怎么说的？"你怎么没拿第一？"艾科卡在他的自传中回忆道："你要是听到他这么说，还以为我考砸了呢！"

说到这里，你可能会觉得，艾科卡他爸要求也太高了吧，会不会把儿子给逼疯啊。但幸运的是，艾科卡和父亲的关系非常亲密。艾科卡回忆道："我喜欢看到他高兴的样子，他总是会为我的成就感到自豪。小时候，要是我在学校赢了单词拼写的比赛，他准能高兴得不成样子。后来，我每次一升职就会打电话向他报喜，他一撂下电话就会跑去向他的朋友们炫耀……1970年的时候，我当了福特汽车公司的总裁，当时可把他高兴坏了，指不定比我还激动呢。"

后来，艾科卡被福特给炒了，但是他并没有一蹶不振，通过拯救濒临倒闭的克莱斯勒汽车公司，他又东山再起了。在父母的价值观，特别是父亲的价值观的熏陶下，艾科卡才会有如此惊人的适应力和钢铁般的意志。我们不难发现，艾科卡身上具备一切领导者的特质，他积极进取，行事果敢，为人坦率，富有爱心，灵活变通，又极具幽默细胞，总是一语中的。作为宾夕法尼亚艾伦镇上一个意大利移民家庭里的长子，艾科卡身上这些特质的养成与他父母的价值观是息息相关的。

艾科卡的例子仅仅只是一个缩影。在你的成长过程中，家庭对你的影响是极其深远的，它会在你的血液里根深蒂固，即便多年后你认为自己已经足够成熟，它还是会在潜移默化中对你"指手画脚"。

由此可见，父母的价值观对培养一个领导者可是有着至关重要的作用。卢特·卡尔森教练的例子也印证了这一点。卢特来到亚利桑那大学的时候，我发现他衣着整洁，一头白色的鬈发利索又时髦，一看就是追求完美主义的"老大"。

可是，令我吃惊的是，别看卢特看起来像老大或是独子，他可是名副其实的家中老小，上头可是有三个哥哥呢！

我是野猫队的超级球迷，而且我还曾给野猫队一些球员当过顾问，所以我对卢特多多少少还是有些了解的。但是，最后连我都把他的次序搞错，真是令人意外。我决定搞清楚情况，于是我就当面问了他。原来，他的父母也是凡事都追求井井有条、一丝不苟，难怪他能养成这样的生活方式呢。卢特自小就在农场长大，在那里如果你干不好活，说什么都无济于事。正如卢特说的："每个人都得全力以赴，否则别想得到认可。"

这样一来，也难怪身为老小的卢特却是一副老大的做派了。一直以来，他都是最厉害、最成功的大学篮球教练，他带领的亚利桑那野猫队还获得了美国大学生篮球联赛的冠军。篮球迷们想必还记得，就在卢特带领的团队获悉赢得冠军的那一刻，他的队员们当着电视机前全国观众的面把他那头一丝不苟的白发弄得乱七八糟。据我所知，那可是卢特有史以来第一次以乱糟糟的形象示人，他的妻子想必也是第一次见到他这副模样吧。那个时刻可真是令人难以忘怀。

再婚家庭对次序的影响

当父母是继父母的时候，又会发生怎样的情况呢？换句话说，离婚或者丧偶后的父母再婚后的家庭又会发生什么变化呢？变化当然非常多！再婚家庭这一变量可以把出生次序特征（和家庭）搞得一团糟。

如今，离婚率高得吓人，已经攀至50%上下，人们的婚姻生活岌岌可危。

而且，一个离了婚的母亲和一个离了婚的父亲各自带着自己的孩子生活在一起的时候，他们离婚的可能性还要大。60%的二婚都是以失败告终的。简而言之，爱很少可以重来。这可不是愤世嫉俗，这就是现实。

在美国，每天都会诞生1300对再婚夫妻。据美国再婚家庭协会的数据显示，现在结婚的人中有40%的人都是再婚，要是再婚率以这种水平持续下去，那么全美就有35%的孩子在成年之前都是生活在再婚家庭里。未成年的孩子中，每6个孩子中就有1个是继子女。

谈到婚姻的时候，我通常会引用这个公式：E−R=D（期望−现实=幻灭）。这个小小的公式可以应用于家庭生活中的许多方面。但对于再婚家庭，N×R=C（天真×现实=混乱）这个公式则更加适用。结婚前，大家或多或少会进行婚前咨询，这对于婚后的生活确实有很大的帮助。但是，也只有当大家真正在一个屋檐下朝夕相处后，才能清楚知道冷暖，否则一切都是不可预料的。

本来，应对自家的老大、老二、老小们已经是够令人头疼了，这下子又让两个拖家带口的家庭重组在一起，一大家子像《布雷迪家庭》《八个刚刚好》里演得那样生活在一起，那可真是麻烦透顶了，可不得令人抓狂。电视剧毕竟是电视剧，在荧幕上这个重组家庭里，所有的麻烦与危机最后都会得到化解，所有人都会冰释前嫌，继续过上"快乐又幸福的日子"。然而事实是残酷的，在现实中的再婚家庭中，冲突在所难免，要化解这些冲突必然要花费巨大的时间与精力，绝不像电视上演得那般容易。

那么，对于那些准备再婚或是已经再婚的人而言，应该注意什么呢？

1. 千万别天真地以为再婚家庭中所有人都会相亲相爱、相安无事。早在以前，该隐和亚伯这两个亲兄弟之间就已经竞争连连，在再婚家庭中，这种竞争只会更甚，特别是那些年龄相仿的孩子，他们之间不较劲才怪呢。所以一定要建立基本的规矩，大家都按照规矩行事，当然这些规矩一定是征求过大家的意见而建立起来的，千万不能武断做主，不然反而会加深隔阂。

2. 再婚后的一家五口过生活可不比独自抚养两个孩子来得简单。再婚之前，你一定要扪心自问："我们是真的因为相爱而在一起，还是只不过是为了生活上有个照应？"两个离了婚或是丧偶的人通常会说："你有两个孩子，我有一个，大家过得都不容易，我们为什么不结婚呢？这样对我们都有好处。"诚然，大家生活在一个屋檐下，经济上倒是会有好转，但是人与人之间的相处会有那么容易吗？孩子来得快，麻烦也来得快。

3. 再婚后，夫妻间应该相辅相成，共同将家庭生活经营妥善，否则这段婚姻也终将以散场告终。大多数再婚家庭通常只能维持两年，两年后便不欢而散。倘若再婚夫妇有了自己的孩子，这段婚姻则会持续得相对长一些。毕竟，两年的夫妻关系哪比得上几年甚至十几年的血缘关系呢？俗话说，血浓于水，疏不间亲。在家庭冲突中，若是父母双方携着自己的亲生孩子各自为营、针锋相对，那么，这样的婚姻如履薄冰，终将毁灭。倘若再婚夫妻立场一致，就算有异议，也不将孩子们搅和进来，对待所有的孩子都一视同仁，那么这样的婚姻便会是和谐持久的。

当然，如果再婚双方的孩子都比较小的话，那么父母则更容易和孩子走到一块儿。假设两个继女分别是1岁和3岁，两个继子是2岁和4岁，他们年龄尚幼，还不怎么记事，因此只要多花些时间与精力，再婚双方就可以和他们从小培养家人之间的感情。但是，若孩子年龄更大一些，超过了5岁，这时候性格已经基本形成，因此对于另一方的孩子会有排斥心理，甭说他们能相亲相爱和睦相处了，一见面不打架就已经谢天谢地了。

次序特征不会发生变化

为什么再婚家庭里会有那么多摩擦？我们要搞清楚一点，孩子五六岁以后性格基本定型，他们相应的次序特征也已经基本确定了。也就是说，就算换了个家庭，老大也还是老大，老二也还是老二。这时候，再婚家庭里的环境已经无法影响孩子们的次序特征了。虽然老大上头突然多了个哥哥或姐姐，这并不意味着他（她）原先那种一丝不苟、条理分明、计划周详的完美主义性格会戛然而止。

同理，老小也不会因为在再婚家庭中排行老二就改变原先的性格。他还会是一副老小的做派，爱玩爱闹，善于收买人心，喜欢哗众取宠，吸引大家的注意力。难道因为有了弟弟妹妹，他就要表现得像个大哥哥的样儿？他才不管呢。

因此，在再婚家庭中，千万不要刻意去改变孩子们原有的行为方式，不要因为他（她）现在的位置不一样了，就想当然地要让他（她）做出什么改变，千万不要忘了他（她）本来的样子。

那么，再婚家庭中，孩子们在"新次序"下会发生什么变化呢？首先，我们来看看，再婚家庭中出现好几个"老大"的情况：

家庭H

父亲——老大　完美主义者　母亲——独生女　"掌上明珠"

男孩——16岁　男孩——15岁

男孩——14岁　女孩——13岁

女孩——9岁

根据我们之前所了解的出生次序和年龄差距的知识，我们不难看出，这个再婚家庭可真是个鸡犬不宁的"大战场"。为什么这么说？你看看，这个家庭中有五个人骨子里可都是老大的性格啊，注定水火不相容。最显而易见的，就是这个父亲，他是个完美主义者，有着吹毛求疵的本性，不管是对自己的孩子，还是妻子的孩子，他都会严格要求。而母亲呢，她是家中独女，是家里的掌上明珠，性格敏感，凡事都要按照自己的路子做，这下可就有趣了。

毫无疑问，这个家的氛围一定非常紧张，大家都我行我素，谁也不肯退让一步。那两个15岁和16岁的男孩之间注定会有一场厮杀，竞争相当激烈。13岁的女孩和14岁的男孩之间也一样，他们之间很容易就会产生火药味，对"老二"的位置虎视眈眈。

父母们一定要记住，这些孩子毫无共通之处，更别指望他们会相互信任了。每天只要一看到对方的脸，他们的脑海里就会浮现出父母离婚这一伤心事。父母再婚以前，这些孩子还能够常常和爸爸（或妈妈）通通电话诉诉苦，现在一大帮不相干的人住在一个屋檐下，他们可算是找到了发泄的窗口。要是学校过得不如意，在家又事事不顺，那他们就会将气撒在"外来的"兄弟姐妹身上，战争一触即发。

家庭会议应遵循的法则：

1. 每个人都要有发言权。

2. 忌七嘴八舌。

3. 不能插话。

4. 相互尊重。

5. 要是发生异议，立即结束会议，给每个人足够的时间冷静思考。散会前，确定好下次开会的时间（越快越好），以便再次讨论。

还有一种情况是，母亲这边的大儿子是个令人发指的"洁癖狂"，他的房间时刻都要保持"处女座"的状态（这事不足为奇），而父亲这边的大儿子在这方面则比较随意（在现实中，这样的老大特征并不奇怪）。那么倘若这两个大男孩要共用一个房间的话，后果将难以想象。要是"洁癖狂"受够了凌乱的房间，受够了一遍遍地收拾屋子，受够了一次次"将物品摆放回原位"，你猜结果会是怎样？注定是一场腥风血雨！

那么，在这种剑拔弩张的时刻，继父母们该怎么做呢？我的建议是，要像经营小公司一样经营这个家，定期召集大家进行家庭会议，大家围坐在一起好好沟通，比如说：（1）自己的行为举止是否影响到了其他人？（2）要是自己的行为给他人造成了麻烦，又该如何改变呢？

如此看来，这是不是意味着有着众多"老大"的再婚家庭就过不下去呢？那倒未必。我们来看看下面这个家庭：

家庭I

父亲——中间的孩子，和蔼可亲　母亲——老大，要求严苛

男孩——14岁　女孩——9岁

女孩——12岁　男孩——7岁

女孩——4岁

这个家庭中也会出现一些问题，但不像上面的那个家庭来得严重。在新家庭中，父亲这边的大儿子是无可厚非的"老大"，而老二又是只比他小2岁的亲妹妹，他俩的关系自然非常好。她的次序没有改变，还是家里的长女，因此也就不会有什么变故。在母亲这边，9岁的大女儿对于14岁的大男孩根本就构不成威胁，而7岁的老二（长子）自然也不会去挑战比他大那么多的兄长了。总而言之，这个家庭还算稳定，很有可能会长久。要是4岁的小女孩能够很好地发挥老小的本性，那她很有可能会赢得大哥大姐的喜爱。

但是，冲突也是在所难免的。比如说，父亲这边的女儿此前一直都是家里的老小，她可能一下子接受不了三个比自己小的孩子，眼睁睁看着他们夺取自己"老小"的地位，当然，这也取决于她父亲宠爱她的程度，宠爱越深，对这些弟弟妹妹的怨恨就越大。而在母亲这块儿，大女儿自小就是家里的老大，前面突然多出了一个哥哥姐姐，可能会很不适应。她可能不大会和14岁的大哥哥挑战老大的地位，但是，要是她足够要强，她很有可能会挑战12岁的姐姐，特别是当两个女孩不得不共处一室的时候。

非"老大"组成的再婚家庭

由老大们组成的再婚家庭摩擦不断，但这并不仅限于老大们身上，其他次序的人再婚后也是矛盾重重。我们来看看两个非"老大"的人结合后，组成的"布雷迪家庭"又是怎样一番模样呢。

家庭J

父亲——中间孩子，爱逃避　母亲——老小，掌上明珠

女孩——13岁　男孩——14岁

女孩——10岁　女孩——11岁

男孩——7岁　男孩——8岁

我们待会儿再说家里最大的那两个孩子，这两个孩子此前都是家里的老大，他们之间肯定会产生摩擦。要是他们又都是争强好胜的主儿，那可得小心了！但是，要是他们之间有一人比较宽宏大度，那日子就好过多了。

现在我们要将注意力放到下面的那几个孩子身上。在这些孩子中，父亲这边那个10岁的女儿处境最不利，她夹在姐姐弟弟中间，所以很容易被忽视。现在又加进来三个孩子，其中两个还比她大，这下她的处境就更加窘迫了。

在这一大家子中，最受宠爱的是母亲这边的老二。在此之前，她一直都是家里唯一的女儿，自然备受关注与宠爱，所以她便会养成积极的心态来看待自己与生活。但不幸的是，在这个新家庭中，她可能会排斥这两个"外来"的姐妹，因此，她们之间的关系会很紧张。然而奇怪的是，这个11岁的女孩有可能和7岁的"外来"弟弟处得最好。这倒也不奇怪，要是她和自家弟兄一直处得不好，这下又来了个"小弟弟"，刚好就可以满足她爱照顾人的天性。因此这两个孩子便可以走到一块儿，组成"联盟"。

再看看后面的那两个小男孩，他们可是争夺"小丑王子"的有力竞争对手。这两个老小以前可都是家里的焦点所在，有着自己的独特风格。现在，竟然有人来和自己抢风头了，冲突在所难免。但是，家里只有一个老小的位置，谁会赢呢？父亲这边的小儿子获胜的可能性最大，但是母亲这边的小儿子也不会善罢甘休。因此，父母双方需要共同努力，一碗水端平，确保两个孩子受到相同的关注与重视。

我们也要注意父母的出生次序。父亲是家里的中间孩子，不喜冲突、爱逃避，是个典型的矛盾体。在成长的过程中，尽管他会学到一些斡旋之道，但是更多时候，他还是习惯于逃避，因为这样更为省心。当孩子们之间闹矛盾的时候，他不大会主动去调解，而是丢给母亲来处理。但是母亲作为家里的老小，一直以来都备受宠爱，习惯了大家围着她团团转，因此凡事都会从自己的角度出发，为自己争得利益。毫无疑问，她会想着为自己的孩子争取更多的好处，而不是一碗水端平。

总之，这个家庭想要好好过日子，父母两人得先处理好自己的关系，然后再去管孩子。

出生次序理论仅供参考

我们要明白，出生次序理论并不是一成不变的真理，我们要抛开思维定式，不能想当然地认为某个人就应该这样或那样。也就是说，并不是所有的老大都是一个模子里刻出来的，中间孩子未必都会与众不同，而老小也不一定就是家里的"喜剧演员"。相反，出生次序理论只是给你一个参考，让你获得一种路径了解一个人。

出生次序理论并不像那些自然科学，可以通过做实验或是通过电脑数据分析来得出客观结论。在出生次序理论中，孩子之间的年龄差距、性别等因素是影响出生次序特征的重要变量。其他变量，诸如父母的出生次序以及他们的价值观也关乎着性格特征的实际表现。所有的这些变量相互作用，才造就了一个独一无二的个体，他（她）的身上或许具备某些典型的次序特征，或许并不明显。总之，变量对人的影响不容小视。

世上并没有两片相同的叶子。出生次序理论也是一样，它并不能精准地将人界定在某一个模子中，毕竟每个人都是不一样的。也正是由于这一点，总有业内人士借此炮轰出生次序理论，认为它不过是街边看相（通过看人的颅相来判断人的性格）的那一套。

20世纪80年代初，两名瑞典心理学家，塞西尔·恩斯特和朱尔斯·昂斯特重

家里氛围检测

作为一家之长，你就是家里的情感调节器，掌控着家里的气氛温度。

1. 家里的氛围是过热，还是阴晴不定？孩子们是否害怕表达自己的情感或者分享自己的心事（因为你的反应令他们感到烦恼）？

2. 家里的氛围是否过于冷淡（家人之间互动太少，关爱不够等）？

3. 家里的氛围是否忽冷忽热（尤其是当你和孩子吵架时）？

> 莱曼医生：
>
> 您好！我的女儿现在住院了。在那场车祸中，她伤得非常严重，眼睛已经暂时性失明，情况不容乐观。在病房里，闲着没事的时候，我就给我女儿念你的《出生次序之书》。多亏了它，我女儿开心极了，总是哈哈大笑，因为我们家的情况就和书上说的一模一样，它也令我女儿发现了自己的特别之处，对她的康复很有帮助。她告诉我说，这是她第一次觉得自己不仅仅只是"家里孩子中的一个"，更拥有一个独一无二的位置。感谢你的帮助，因为你，我的女儿以及我们全家才能更好认识我们自己。非常感谢！
>
> 弗吉尼亚州的米利亚姆

新研究了2000项出生次序的研究成果，他们发现，其中大部分研究都没有严格地把控变量因素，因此所得结果并不可靠。他们根据其研究还出了本书，书的结尾写道："说出生次序影响人的性格和智商，那是夸大其词了。"

我的很多同辈也都站在了恩斯特和昂斯特这边，他们开始怀疑我了，说我"可能太高估了出生次序的作用"，而那套出生次序理论"只有在家里有七个以上的孩子时，它的作用才显得出来"。

但是，我不会动摇的。我从事出生次序的研究已有35年多的时间，咨询的家庭数不胜数，对于这套出生次序理论我是很有把握的。我不敢肯定它能解释一切，但可以肯定的是，它对于我的咨询者来说，是帮助应对生活的有效工具。

有个在东北部经营度假区的男人曾经给我写过一封信，令我难以忘怀。他读过我的《出生次序之书》，从中获益匪浅，为了感谢我，特意邀请我举家去他那住上一个月。他在信中写道："为了弄清楚我和弟弟为何如此不同，我找过很多心理医生，但是一直没有答案。有一天，我在等飞机的时候，顺手翻起了你的书。等我下飞机的时候，我已经找到了答案。"

那么，他找到了什么答案呢？他家一共有两个孩子，他是家中的老大，是一名理财顾问，这个职业崇尚细致精准的作风，是典型的"老大"职业。此外，他甚至还编写了财务手册。而他的弟弟则是一副老小的做派，行事随心所欲，对待工作随随便便，说换就换，而且花钱大手大脚的，存不住钱。人们总是一见面就问他："你弟弟怎么就不学学你呢？"面对一直以来的疑问，他最终在《出生次序之书》里找到了答案。

出生次序理论同样适用于商人

百事公司前总裁，并在必胜客和丹布兰公司担任过高职的迈克·劳瑞利是我的忠实读者，他是家里的老二，上头有个哥哥，但由于某种原因，他最后变成了"老大"的角色。一次商务旅行中，他无意中读到了我的《出生次序之书》，立刻对此深信不疑。他后来联系到我，邀请我给他的高层管理人员做个演讲，效果还不错。

如今，作为炙手可热的商业顾问，迈克有时仍然会买些《出生次序之书》送给员工和顾客。我问他为何如此看重这本书，他说——

每个人都有独特的性格。出生次序理论可以让我们更好地了解别人，并对他们进行分类，这样一来，不论是顾客、供应商、消费者、老板还是同事，我们都能找到打动他们的最好方法。

在商场上，成功与否，拼的不是智商，也不是做了几宗大生意，恰恰是一些"软实力"来主沉浮。掌握出生次序理论就是软实力之一，它能够帮我赢得人心，增加团队的凝聚力，使得事业稳步发展。

迈克·劳瑞利说得没错，出生次序理论确实是决定事业成败的"软实力"。这就是为什么我常被请到IBM管理学院、威廉姆斯公司、百事可乐、必胜客、辛辛那提金融保险公司等地进行演讲的原因。我也曾被邀请到百万圆桌会议和年轻总裁组织等机构，为那些身价百万的精英做演讲。

我喜欢给那些一脸倦容的副总裁和销售经理做演讲，看着他们板着脸坐在那里，一副"我倒是要看看你有什么花头"的样子。但是几分钟后，他们浑身上下都轻松了起来，僵硬的脸也变得生动了，可见这些高级商务人士已经开始明白出生次序的重要性了。

迈克尔·费纳是欧洲百事公司的前副总裁，他在任职期间同样运用了出生次序理论，比如说将它运用到面试中，他说——

面试最后，我通常会问求职者："你能讲讲你的家人吗，比如说你的父母，你的兄弟姐妹？"然后我就会安静地听着，从中获取大量的信息。要知道，在大公司工作，人际关系非常重要，因此我十分在意求职者在家里的地位，以及与家人的关系，由此也能初步判断出他（她）的人际关系处理能力。

更多关于出生次序理论在商界的运用信息，我们将在第10章中进一步讨论。

天生反叛

读到这里，我想你也应该承认出生次序理论在现实生活中是具有实际价值的。但是，"专家们"的批评声和怀疑声还是不绝于耳。直到1996年，美国麻省理工学院科技与社会项目研究员弗兰克·萨洛韦教授出版的《天生反叛：出生次序的家庭动态学与创意生活》一书才使得情况有了转机，该书涵盖了大量的数据，充分证明了出生次序理论的可信度及有效性。

当时，萨洛韦对出生次序的研究已有26年之久，他用一种叫作"荟萃分析"的研究方法（实际上就是利用电脑将很多研究汇集、结合起来）对近500年来的6500多人的成长历程进行了分析，共计100多万个信息点，这其中包括参与了28项重大科学发现的3890名科学家，以及成百上千名参与法国大革命、宗教改革以及61项美国改革运动的活跃分子。

比如，他的书中就谈到了一些历史名人。老大有：戈尔巴乔夫、叶利钦、比尔·克林顿、吉米·卡特；萨达姆、杰西·杰克逊、丘吉尔、莎士比亚、乔治·华盛顿、罗斯福（独子）等。中间孩子：亚西尔·阿尔法特、乔治·布什、菲德尔·卡斯特罗、拿破仑、亨利八世、帕特里克·亨利、希特勒等。老小则有：胡志明、里根、甘地、伏尔泰等。

除此之外，萨洛韦还提到了科学与哲学领域中的名人。老大：爱因斯坦、伽利略、达·芬奇（独子）等。中间孩子：路易·巴斯德、阿尔伯特·史怀哲、达尔文等。老小：哥白尼、培根、笛卡尔等。科学家哥白尼你最熟悉不过了，他第一个提出了"日心说"以及"地球是球形的"的革命性理念，他是家里四个孩子中的老小。进化论的创立者达尔文和华莱士在各自家里十五个孩子中都排行老六。

虽然萨洛韦的有些观点我不敢苟同，但是不得不说，他的这一浩大工程着实给那些"说闲话"的专家们当头一棒，出生次序理论才不像他们说的那样是唬人的把戏呢。

总之，萨洛韦对于出生次序理论的基本概要就是（作为家中的老小，萨洛韦一想到此就头疼）：纵观历史，老大们保守传统、安于现状；老小们则追求改变，甚至不惜引发革命。萨洛韦认为老小们要比老大们思维更加开放，他们"生来就是为了反叛"，愿意冒风险，甚至不惜违背权威。

萨洛韦关于老大和老小的观点对我而言一点也不陌生，那些不就是我过去35年里反复推行的嘛！相信你读完这本《出生次序之书》后，你一定也会豁然开朗，会恍然大悟："我这么做原来是因为这个啊！"或者，"我终于知道他为什么会那样了！"

我向你保证。

04

先到先得：老大得天独厚的优势

///

在本章中，我们将专门来聊聊家里的老大，这里我们说的老大可不仅仅只局限于家中最大的那个孩子。正如我们在第2章和第3章里说的，由于某些变量的作用，家中的孩子发生角色转换，原先不是老大的那个孩子就会取代家里老大的位置。除此之外，两个同性孩子之间相差五岁以上，那么小的那个也会具备老大的性格。

如果你是家里的老大（或独生子女），你要明白，要是你晚生几年，前头多了一个（或几个）哥哥姐姐，那你可就跟现在大不相同了。如果你不是家里的老大，你也要知道，当年你若是第一个出生，那你也不会是现在这个样子的。

"四角"出生次序练习

在家庭和育儿研讨会上，每次开始正题之前，我通常会要求参会人员"站墙角"，即每个人按照"独生子女""老大""中间孩子""老小"分成四个小组，站在房间里的四个角落里。然后我告诉他们："你们可以相互聊天，但不要离开自己的组。"

而我就会随意地在房间里溜达，装作漫不经心的样子在每组中间留下一张纸条，字面朝下，上面写着同样的指示：

恭喜你！你是这个小组的组长，请向组员们介绍自己，然后让他们也做自我介绍。在这期间，把大家共同的特点都写下来，一会儿你要上台向大家汇报。请马上开始这项任务。

然后我就回到了台上，所有人都等着我做下一步指示，但我什么也没说。相反，我装作很忙的样子，不停地翻阅文件，等待各"出生次序"下的人依着本性做出反应。谁会是第一个拿起纸条的人呢？几乎无一例外，独生子女或老大们总是会先拿起纸条，宣读上面的指示。中间孩子那一组中也很快会有人效仿。不一会，房间里的三个小组都忙开了。

哎呀，第四组干什么去了？老小们干瞪着眼，没人拿起那张纸条。

过了几分钟，我再次声明："你们只剩下几分钟时间了，别忘了待会儿要给其他小组做报告！"

独生子女和老大那两组就像受惊的小鹿那般，更加努力地去完成任务了。虽然中间孩子那组表面上并没有受多大影响，但是暗地里也在加紧步伐。只有老小们依旧我行我素，压根儿就没在意我的话。我还记得有次研讨会上，老小们在很远的角落里三三两两聚在一起，侃天侃地，有个人甚至一脚踩在我放的那张纸上，根本没把它放在心上。

我也是家中的老小，所以我才不会拿老小开玩笑，这都是事实。如果我也参加这个练习，我很可能就是那个踩在纸上的家伙！这个练习我都做过几百次了，每次都是独生子女或老大们那组最先拿起纸条开始"遵从指示"，只有为数不多的一两次是其他两组先动手的。

就连最后的小组汇报也完全符合出生次序的典型特征：老大那组的汇报是由指定组长负责的，而在自负的独生子女那组中，通常几个人得要较量一番才能决定由谁负责。在这几组中，中间孩子也许是最享受整个练习过程的，他们借由交流更好地认识彼此，在选组长的时候可能有点小争执，但是最后也会顺利完成任务。对于老小我能说些什么？对他们而言，生活就是自由散漫的沙滩！

老大们总是追着"成功"跑

回顾一下第1章中的小测验，你会发现，在这个练习中，老大们或是独生子女们的典型特征再次得到了印证，他们严肃认真，目标明确，志向远大，做事一丝不苟，有良好的组织性，招人喜欢，崇拜权威。

除此之外，他们还崇尚完美、可靠、有条不紊、严格、勤奋好学、富有自我牺牲精神、传统保守、遵纪守法、自力更生，这就使得老大们总像是比别人多喝了点墨水似的。我曾经专门为老大们写了本书，名字就叫作《步步为赢：生而为赢的老大们》。

老大们往往在他们的领域里表现出色，受到人们的瞩目，他们对成功也自然会有着强烈的渴望。

> **老大的特质**
> 力求完美、可靠、有责任心、列表专业户、良好的组织能力、工作狂、天生的领导者、爱挑剔、严肃谨慎、踏实好学、不喜惊奇、技术控。

老大们总能引起大家的关注，即便你不是老大，你也免不了和老大们打交道。要是你有大哥大姐，接触就会更早，他们在你很小的时候就会照顾你，有些老大还会充当起弟弟妹妹的监护人和保护者。我小的时候就是这样，比我大八岁的大姐莎莉就经常得放下手头的事来照顾我。

我记得一开始上幼儿园那会儿，我可是整整哭了两个星期，由于当时我是下午上幼儿园的，因此我必须得自己去学校，这对于年幼的我来说可是非常可怕的，心里一万个不愿意。但是，莎莉要上学，母亲也有自己的工作（她当时是某儿童康复之家的负责人），根本走不开。我们家可不像当时非常火的《反斗小宝贝》里演的那样。当时左邻右舍中就我母亲是出去工作的，难免受到别人异样的目光，有一次一个小孩嘲笑我母亲工作的事，为此我还和他打斗了一番，他在我手上狠狠地咬了一口，现在我的指关节上还留着伤疤呢。好在两周后，幼儿园老师发现了我的状况，于是就将我上幼儿园的时间调到了上午，这下，莎莉大姐就可以顺便送我去幼儿园了。

我最早的一段记忆就是坐在她的自行车上去幼儿园，当时我还小，坐在自行车上根本就够不着踏板，于是莎莉和她的朋友玛莎就在两旁帮着我掌握平衡，硬是走了不下一英里的路。

莎莉总是为我做出牺牲。我永远不会忘记大约8岁那会儿，莎莉带我坐车去8英里外的布法罗市郊的情景。当时，我们的目的地是格兰特低价百货商店，那儿有一个快餐店。莎莉要我随便点，菜单上有30美分的汉堡包和80美分的火鸡肉三明治。当时我们家鲜有机会吃到真正的火鸡肉，于是看到火鸡肉三明治，我的口水就不停地冒出来，真是想吃极了。

"我可以点火鸡肉三明治吗？"我小心翼翼地问道。

"当然可以，我请客，放心点。"

那顿饭几乎花光了她照顾我赚的所有零用钱。我永远无法忘记那个三明治的味道，更无法忘记她不惜花掉"一笔巨款"来让我开心的情形。

除此之外，莎莉还经常让我参加她和朋友间的小小茶话会，我也是她的重要客人。夏天的时候，我们就在草地上进行，冬天的时候，我们就挪到屋里。但不论是夏天还是冬天，莎莉都会让我一起帮忙准备茶话会。我得步行到1英里外的希尔德布兰德买聚会的小零食，每次都是百事可乐配薯条。

虽然现在我们都已长大成人，但莎莉还是会时不时地"惦记"她的小弟弟。每年秋天，我们都要回到图森开始学校的工作，而莎莉则会回到我们那个位于肖托夸湖畔的避暑房子，帮我们将屋子的家具都盖上布以防落灰。

任劳任怨，天生爱照顾人的老大

看到没，莎莉一直就是个"任劳任怨的老大"，她总是希望能让别人开心。正如我一直说的那样，老大们具有良好的组织能力，目标明确，志向远大，严格又认真，但这并不是说，老大们就都是一副凡事都要掌控的专横性格。不可置否,有很多老大确实是争强好胜、野心勃勃的,但是还有很多老大是任劳任怨的老好人,打小就是让人省心、欣慰的"好孩子",他们仍然具备老大的典型特征,只是身上那股"可靠、勤奋""让别人满意开心"的劲儿要更加浓厚。

温顺的老大往往是学校里的好学生,公司里的模范员工。他们打小就强烈渴望得到父母的认可,因此他们也会加倍努力,让父母省心、满意,这样一来,他们长大后也往往希望得到其他权威人士的肯定,比如老师、教练、老板等。每当别人叫他们做什么事,他们总是说:"好的,妈妈……好的,爸爸……很高兴为您效劳,先生。"谁不希望身边有几个这样的孩子和员工啊?

我的妻子桑德就是一个典型的温顺型的老大。有一次我们在图森的一家五星餐厅用餐,当时的服务一如既往周到得体,并没有什么不当之处。于是我津津有味地吃了起来,但是桑德却对她的水煮鲑鱼无从下手,只是在鲑鱼边缘挑挑拣拣。

"饭菜有问题吗?"我问道,"味道不对劲?"

"没……没事,一切都很好,没有比这家店更好的地方了。"

我又继续吃我的饭,但桑德还是在那挑挑拣拣,并没有真正享用鲑鱼肉。最后,我实在忍不住了:"亲爱的,这鱼是不是不太合你的胃口?"

"嗯……这鱼中间不太熟。"

实际上,这道水煮鲑鱼根本就没熟,它简直就像是还能游到上游产卵的活鱼一样。作为家里的老小,我才不会忍气吞声呢。我马上叫来了服务员,向他说了这条鱼的问题,这可把他和餐厅领班以及厨师吓坏了。不一会儿,一条新煮的鲑鱼马上就端上来了,百分百熟了。又过了一会儿,厨师还送了一大份阿拉斯加甜点,算是表达"为女士造成不便"的歉意。

这个"鲑鱼事件"很好地诠释了桑德"息事宁人"的天性。和我姐姐莎莉一样,桑德讨人喜欢,对他人照顾有加,是典型的逆来顺受的长女。就像你想的那样,卡比·贝尔·莱曼生命中能有这么两个好女人,真是三生有幸啊!

然而,由于逆来顺受的老大们总是想要去满足别人,于是往往就会招致一些像大白鲨一样棘手的人来不断压榨他们。经常有一些逆来顺受的老大找我咨询，向我抱怨配偶、老板、朋友们对他们的要求越来越多，令他们喘不过气来。最经典的场景是，顺从的老大作为公司的中层管理人员，兢兢业业地为经理们工作，而这些经理们却都是些推卸工作的好手，往往把文件拍到他（她）桌上，命令道："我要尽快见到你的报告。"

对于逆来顺受的老大来说，妻子和四个孩子的吃穿用度只是他之所以努力工作的最表象动机，更深入的动机则是源于他自小以来所背负的心理状态，这种状态犹如锤子一般不断对他旁敲侧击，时刻警醒着他。一直以来，由于弟弟妹妹们都还太小或是不懂事，作为家里的老大，他不得不担负起相应的责任，诸如倒垃圾、修草坪、洗碗等生活琐事，事无巨细都要他插手。家长们一定程度上是十分依赖（利用）第一个孩子的。我将这种现象称为"让老大去做吧"症状。

由此完全可以想象随之而来的会是什么情况。逆来顺受的老大们很容易就会被那些自私自恋、不懂体谅的老板或者配偶使唤得团团转，从而使自己陷入麻烦的旋涡不能自拔。逆来顺受的老大们善于隐忍，对于这个不断榨取他们的世界，他们的生活过于被动。然而，他们同样也善于默默地舔着伤口，藏着怨气，那股怨气积聚到一定程度的时候，便会经由某个爆发点喷涌而出。每每到这个时候，他们便来找我了。

积极进取的老大：行动派与动摇派

还有一种类型的老大们可不像任劳任怨型的老大们那样会全心全意地去照顾、取悦他人，他们自信满满，意志坚定，固执己见，颇有成就，目标远大，渴望成为他人瞩目的焦点。在通往成功的道路上，他们完全可以像一只獾那样，必要时又抓又咬，为了成功，不择手段。

要想切实感受一下固执又自信的老大特质，那些一年到头都开着"工作狂模式"的公司经理便是很常见的例子。然而，一旦他们有两个星期可以放松一下的时候，他们立马就跟换了个人似的。不止一个妻子和我说过："我们度假的时候，哈利的表现真是出人意料。他一直都很放松随意，和我们相处得很是愉快融洽。但是假期结束前两天，他立马就变脸了，我们还没到家，他那种固执的臭脾气又上来了。"

近几年来，我的实践活动范围又扩大了，其中有一项是为企业管理人员进行团队培训。在这些人中，我做了个小调查来看看其中有多少人是老大。我发现，在首席执行官的队伍里，20个人中有19个是家里的老大。在青年总裁组织团队中，26个年轻活跃的男女总裁中有23个人是家里的老大。

严谨又挑剔的老大们

虽然有些老大成了有权有势的领导者，但更多的老大们还是默默无闻地从事一些需要极致耐心的工作，比如说编辑、簿记与会计等工作。这些年来，我出版的书不下35本，与27位编辑打过交道，这些编辑中有26人要么是家中老大要么是独生子女。剩下那个人虽是家里的老二，但是由于某些因素，他和哥哥发生了角色互换，取代了老大的位子。

作为家中的老小，我十分感谢那些编辑，他们常常救我于危难之间。但是，我对他们的了解并不多，只知道他们喜欢红色铅笔，老是问些挑剔刁钻的问题，比如说："这句话在33页就开始了，怎么到35页才结束啊？"

我曾给俄亥俄州的会计师公会做过演讲，那次经历可真是令我印象深刻，真正让我感受到了老大们与"严苛的职业"有着惊人的联系。主持人介绍完后，我站在台上扫了一眼在场的221名会计师，他们要么凶狠地打量着我，要么一个劲地看着手表。我决定要让他们放松一下，于是我就开口了："请在座的朋友是家中老大或是独生子女的站起来。"不出我所料，几乎整个房间里的人都站了起来！接着我让剩下的人站了起来，我数了数，才19个人，都是中间孩子或是老小。在请他们坐下前，我开玩笑说："你们怎么会在这里？"

大家哄堂大笑，演讲还没开始，我就已经取得了成功，毕竟要让200多位会计师微笑可不是常有的事，更何况还是让他们大笑起来。

会计师对待工作严肃而认真。事实上，很多公司老板都说，一个公司的好坏，很大程度上取决于他们的会计师尽不尽职、仔不仔细。哈维·麦凯是麦凯信封公司董事长兼首席执行官，同时也出版了许多本商业畅销书，如《与鲨共舞》。他认为，要开好一家公司，首先要请的便是一名好会计。

我电话采访麦凯的时候，他那强劲的进取心一开口就显露无遗。老大善于分析，爱问问题。虽然看不到人，但是我一听到声音就立马断定电话那头肯定是个老大（后来也证实，他是家里第一个出生的男孩）。过了十分钟，他还在问我问题，好像我才是那个受访的人一样。

猜猜谁是最大的

不管在什么情况下，你会发现老大们总是充当领导的角色。比如，若是我要你说出曼德雷尔姐妹中的一个名字，你首先想到的很有可能是芭芭拉，理由很明显——她是家里的老大，足智多谋，性格外向，毫无疑问是个领导者。很少有人会提到路易丝或是艾琳。

就拿现在演艺圈里的四兄弟来说，你对谁印象比较深刻呢？是不是亚力克？告诉你，他也是老大。

史默斯兄弟中是不是汤米更让你印象深刻？这一点儿也不奇怪。虽然他在舞台上表现得像个十足敏感的老小，实际上他就是个货真价实的老大。我和桑德曾经与史默斯兄弟吃过饭，我跟你讲，汤米就是组合中强势的那一方，实际上，迪克吐露心声说，他之所以会搬到城市的另一头其实就是为了摆脱汤米"强势的本性"。我看了看汤米，你猜怎么着，他就在一旁笑而不语。

把第一架飞机送上天的莱特兄弟大家再熟悉不过了。要是我叫你说出他们当中的一个，我敢说你八成会说威尔伯。很奇怪是吧，别忘了他可是比弟弟大四岁呢。我们再来看看运动界。在运动界，兄弟姐妹都搞运动，尤其是从事同一项运动的兄弟姐妹是很少见的。我热爱运动，对运动也非常关注，但我能叫出名字的也就这几个：职业网球运动员维纳斯·威廉姆斯和塞雷娜·威廉姆斯两姐妹；足坛上的曼宁兄弟等。诚然，兄弟姐妹们总是会朝着不同的方向发展。

在总统界，64%的美国总统都是老大或"功能性"老大。吉米·卡特就是一个典型，他严肃勤奋，从最初的佐治亚州州长一路到美国总统，他一直都坚持自己的做事原则。而他的弟弟比尔·卡特则与他截然相反，他粗鲁无礼，酗酒成性，总是信口开河，以此来获取大家的关注，而他这么做就是为了让哥哥难堪。

压力山大的老大们

虽然老大们通常会成为位高权重的领导者，但是性格执拗的他们往往也会付出代价。按照他们那种工作及生活方式，就算他们的身体没垮掉，他们与家人朋友之间的关系也会分崩离析。我不知道这是不是只是巧合，像李·艾科卡这样极为成功的CEO竟然也离了三次婚。事实上，这已经快成为出生次序特有的规律了，尤其是对老大们而言：那些特有的性格和能力能使你在工作、教会或是其他一些组织上获得成功，但是它们往往也能摧毁你最亲近的关系，使得你最亲密的人与你渐行渐远。

有一次在搭乘美国航班时，我有幸碰到了美国航空公司的前董事长和总裁罗伯特·克兰德尔，当时我俩就挨着过道坐着。一番闲聊之后，他告诉我他是家里的老大。果然不出我所料，像他这种固执己见、头脑冷静又颇有领导才能的性格，不是老大才怪呢。

后来，由于我正在写一本商业书，于是有幸对克兰德尔进行了采访。我问他人生中有没有什么信条，是不是"会把妻子放在第一位"。他回答说："当然，这就是事实，毕竟我能把妻子放在第一位的时候并不多。"接着，他又说把妻子放在第一位与工作其实并不冲突，这更多的是一种"个人观念"而不是什么"工作理念"。

而问题恰恰就出在这里。将工作与家庭分开，往往会使得最后连家都丢了。

由于我经常飞来飞去，所以我便养成了一个习惯——喜欢调查一下飞行员的出生次序。我们都知道，飞行工作需要极严苛的技术与耐心，容不得半点差池，因此也就不奇怪，大部分飞行员都是家中的老大啦。事实上，在调查的98名男飞行员和2名女飞行员中，老大或独生子女的比例就占了88%。在最近搭乘的一班美航上，机长走出驾驶舱到过道上跟乘客们打招呼，于是我问道："你好，机长。你是家里的老大吧？"

他疑惑地看着我，问道："我们见过面吗？"

"没有，但你是家里的老大，对吧？"

"是的，没错。"接下来的五分钟里，我们聊了很多，他和我说了很多伤心事。他一边流着泪，一边告诉我他的第三任妻子又要和他闹离婚了。在工作上，他的飞行技术无可挑剔，可是在家里，他这个飞行能手却已经"坠机"三次了。

很多时候，老大们由于性格执拗，往往会忽视家人和朋友的感受，甚至最终失去他们。大家还记得我一开始讲的该隐吗？据载，该隐是有史以来第一个杀人犯。他总是以为自己的献祭和弟弟亚伯的一样好，甚至更好。但是上帝根本看不中，认为那些只是寻常的"地里作物"罢了。这下可就激起了该隐的嫉妒和报复之心，于是这个争强好胜的哥哥就把弟弟引到田里给杀了。当目标明确的老大一旦有了"胜利就是一切"的想法，他就极有可能会把那些遵纪守法、忠诚或是自我牺牲的价值观都抛到一边，为了成功，他可以不择手段。

是什么成就了老大？

不管是任劳任怨型的老大还是自信独断型的老大，他们都给人一种一本正经（甚至还有点令人紧张）的感觉，造成这种情况的"始作俑者"就是父母。此前他们没有任何照顾孩子的经验，刚出生的老大自然就成了这对"新手"的"小白鼠"，也成了他们压力的源泉。初为父母的心情是很矛盾的，一方面他们对孩子紧张又宝贝，总是怕爱不够；另一方面，他们又想要严格要求，教出个优秀的好孩子。

第一个孩子的一切都是王道。不管这个小弗莱彻还是小曼迪有没有出世，在娘胎里的时候，他就已经成为了全家的焦点。带着无限的憧憬与期望，这对年轻父母就开派对庆祝初为父母的喜悦，他们给婴儿取名字，为婴儿房挑选墙纸，购买婴儿的衣服和玩具，忙得不亦乐乎。（如果父母自己就是老大或是独生子女，那还得加上这几项：开个新账户，买保险，准备大学预备金。）

说实在的，基本上每当家里迎来第一个孩子的时候，大家都会兴奋过头了。爸爸妈妈、爷爷奶奶、外公外婆恨不得记录下孩子的每时每刻，光是照片就会囤个几十本（甚至是几百本）相册。研究表明，老大要比弟弟妹妹们更早走路和说话。这可是一点也不奇怪啊。想想看，老大一出生就是家里的焦点，大家天天围着他转，不断地哄他、鼓励他，他想不说话、不走路都难。

这样下来，老大们经常能成为杰出领导者或是成功人士，这可能并非他们的本意，而是从小所处的环境使然。试想，父母（兴许还有祖父母、外祖父母、七大姑八大姨等）天天在他们身边，耳濡目染，他们自然会呈现出大人们的特点。所以也难怪老大们通常都是一本正经的，他们喜欢一切尽在掌控之中，并不喜欢出乎意料的事情。他们自制、守时，凡事都力求有条不紊，这些特征等老大们成年后就更加合适了。

我们要记住，孩子的性格在5岁的时候就已经基本成型。老大在很小的时候，甚至还未满12个月的时候，他就已经在观察父母的一举一动了，并且知道了"正确的"行事方式。你想想看，老大们的模仿对象基本上都是成年人，这些人规规矩矩，总是以自认为最对的方式行事。这就是为什么老大们总是追求"对"、准时以及条理了。

优势与特权

正如我们所说的那样，老大们的一举一动都备受大家关注，这些关注会不断鼓励老大们去获得成功。由于家人和朋友都把老大看得很重，因此他们往往会树立更大的自信心。这也难怪老大们一个个都成为俱乐部、公司甚至是整个国家的领导者。在美国总统史上，64%的人都是家里的老大或是"功能性"老大，只有5%的人是家里的老小。我有时候在想，为什么入住白宫的老小屈指可数？或许他们根本就不是这块料吧！

老大们专注、耐得住性子、做事有组织有计划又尽职尽责，因此他们在许多行业都具有明显的优势。我演讲的时候通常会问大家："如果你是银行经理，要招一些出纳员，你会选择怎样的人？"很多人都说会选择家里的老小，因为老小们活泼友善、好相处，更容易赢得顾客的好感。但是我可不敢苟同，老小们是能给顾客留下好印象，可是别忘了，老小们可能更容易撇下工作，他们会对旁边的同事说："海伦帮我照看一下，好吗？我得去喝杯可乐放松一下，可我这还有14个人排队呢。"

另外，老小们爱干的事还有丢东西，"我们再找找，我敢打包票那135000美元就在这附近。"

但是我们也要记住，由于变量的作用，凡事也有例外。我并不是说所有的老小都那么不长记性、马马虎虎。我的意思是，从平均概率上来讲，老大们要比老小们更加细心、更加认真、更加有责任感，是委以重任的好人选。从本性上来讲，老大骨子里就不爱犯错误，他们小心翼翼，精于算计，严格恪守规章制度。在银行这种工作繁琐、要求严格的地方，这些品质不是锦上添花，而是必不可少的。

压力与问题

然而凡事都有两面性，人们对老大的关注、赞美以及期待，势必会给老大们造成压力。你问一下那些老大们，打从记事以来，从父母或是他们一直模仿的大人那里，他们最常听到的话是什么呢？我敢打赌，令他们耳朵都听出茧来的一定是：

"我不管他做了什么，你是老大，老大就该有老大的样子！"

"什么？你不想带着你的弟弟（妹妹）吗？好吧，那你也别想去了！"

"你就不能帮一下你的弟弟（妹妹）吗？"

"你这个榜样是怎么做的？"

"你能不能有个老大的样子？"

"你什么时候能懂事啊？"

"他比你小，是不懂事，可你怎么也不懂事啊！"

这些话想必老大们并不陌生，一提起这些话，他们也只能是一笑了之。

但是有些人听到这些话可就不淡定了，我曾经收到过一个家中长女的信，她向我抱怨说："作为家里的老大，我身上背负的压力可想而知，可是也没发现有啥特权，我从来没有享受过什么特权。"

许多老大说，作为老大，他们不得不懂事听话，背负很多责任，而他们的弟弟妹妹则无忧无虑的，或者换种我经常听到的说法就是总能"逃脱魔掌"，也就是说，老大们首当其冲是父母的管教对象，而弟弟妹妹们则相对轻松得多。有什么事，老大都替他们挡着了。

老大们除了受到更多的管教，他们干的活也最多。家里有什么活要干，第一个想到的会是谁？当然是老大！不管是跑到角落里拿块面包，还是当个"铲屎君"，老大都是最好的人选。

当然，还有一个令老大们恨得咬牙切齿的任务就是：留在家里照看弟弟妹妹，不能和小伙伴们去玩耍。老大们总是被呼来唤去，做这做那。尤其是家里的长女，她们普遍被认为是最可靠、最贴心的人，许多母亲更是对此充分利用。因此，家里的长女们往往要担负起很多事情，通常被称作"管家婆"，甚至被认为是"监护人"。

但是，不可置否，有些老大一开始蛮喜欢照顾弟弟妹妹的，但是时间久了，经不起这样的折腾，自然也就感到厌烦无比。但是即便这样，老大们也还是会忍气吞声，很少会对弟弟妹妹不管不顾。在本书的致谢词里大家可能已经注意到了我那个哥哥杰克，他小时候老想把他的弟弟（也就是我）扔到林子里。

真是难为杰克了。有时候我觉得他还在生我的气。六岁的时候，父母给我买了辆崭新的路霸自行车，而他却只能盯着那些缺胳膊断腿的旧模型发呆。真正让他抓狂的是，我一点都不懂得好好用自行车的支腿，每次骑车回到家，我都将闪闪发亮的自行车撂在地上就不管了，可把他心疼坏了。

对于家里的老大，父母们要把握住底线，不要过分期望老大。老大们往往被迫成为家里的标兵和领头人，总是要违背自己的心意而顺着父母的意愿来选择生活或工作。一直以来，父亲和长子之间的冲突从未停止过，隔阂也从未消除过。父亲希望长子接管家族事业，或者替自己完成某些遗憾。而儿子呢，则希望自己创业，做些自己喜欢的事，比如说养蚯蚓啊、在丹尼快餐店做个厨师啊，或者是做个牧羊人、养鸡场场主啊，哪怕只是做个素食主义者。

老大们身上往往不得不背负着"皇太子"或是"长公主"的重担，因此也难怪，这些老大们即使是在成年后，也还是会忍不住抱怨道：

"每个人都靠我。"

"任何事都要我插手。"

"当老大真的是好辛苦啊。"

"我从没尝过当小孩的滋味。"

"我要是不做，没人会做。"

"我要是不亲自出马，这事肯定干不好。"

"唉，要是我能和我弟弟换一下就好了。"

"为什么我非要做这事？因为没人会做啊。"

老大们的梦魇

接下里，我要来讲讲大多数老大们（及独生子女们）的噩梦了，我先在这里讲个大概，然后在接下来的两章里说说具体的治疗方案。听好了，我要说的和老大们的完美主义有关。颇具讽刺意味的是，许多挫败感十足的老大总是质疑我，说他们那么糟糕，怎么可能会是完美主义者。你们来感受下：

老大弗兰克：你的出生次序理论在我们家一点儿也不适用。你说老大都是干净利索、一丝不苟的，可我告诉你，我就是家里的老大，但是我的办公桌几乎是整个办公室中最乱的，根本看不到底。不怕您笑话，我从进公司以来，桌面就从来没露出来过。这您该如何解释呢，莱曼医生？

莱曼医生：真有意思。请问你是做什么的？

老大弗兰克：我是一名电气工程师。

莱曼医生：看来是个非常严苛的领域，需要跟很多数字打交道，思维要非常有条理。

老大弗兰克：确实如此，但是你该怎么解释我那乱糟糟的办公桌呢？

莱曼医生：办公桌很乱倒没关系，你能不能在上面找到你要的东西？

老大弗兰克：当然，我对上面的每个东西都了如指掌。

莱曼医生：也就是说，不管桌子多乱，你都有自己的秩序吧。你从事的工程领域需要严格的条理与纪律，不管你的桌子如何乱，你还是会觉得自己很有条理。我猜，你在某些方面就是个完美主义者。对于完美主义者而言，生活中很多事情总是不如他们所愿，这令他们十分沮丧，而乱糟糟的桌面便是他们掩饰沮丧的一种宣泄途径。而且，在完美主义者眼里，哪怕是一个小差错或是小小的瑕疵，都会令他们感到不舒服，甚至全盘否定自己。

老大弗兰克：你说的没错，我总是希望一切事情都尽善尽美，容不得半点差池。我从来都没有感到满意过，我一直都认为我能找到更好的工作。我一直以来都很努力，但总是不能如愿。

一点儿没错，弗兰克就是一个沮丧型的完美主义者，但他只是其中的一员。有很多人都这样质疑我：

"你根本就不了解我的丈夫。他是家里的老大，但他可不像你说的那样，他可是什么事都做不好啊。东西一到他的手里准坏。倒是有一件事他很在行，那就是凡事他一插手就完蛋。"

"你应该来亲眼看看我的妻子。她是家里的老大，但可不像你说的那样守时。每次想要她准时去赴约，我都要提早半个小时甚至一个小时约她，不然有你好等的。"

在我看来，像上面提到的丈夫、妻子以及弗兰克这样的人，他们都算是沮丧型的完美主义者。我甚至敢说，所有的老大和独生子女们都是完美主义者，而且很多人都是沮丧型的完美主义者。在我35年的心理咨询生涯中，我的大部分顾客都是老大或是独生子女，他们之中很多人的完美主义本质都被掩盖了起来，表面上看不出来罢了。完美主义本质几乎是所有老大和独生子女的主要问题。说得好听点，它是个沉重的负担；说得难听点，它就是个诅咒。正因为这样，我才会花大篇幅在接下来的两章中好好说说解决之道。

// 优缺点评估 //

你是家里的老大吗？你性格温顺、凡事任劳任怨，还是野心勃勃、争强好胜？在哪些方面你比较吃力、薄弱？在哪些领域你又比较成功？在结束本章的内容之前，我们来看看下面的"老大的优缺点一览表"。

1. 每个特征都花上几分钟好好思考一下。对你而言，它是优点还是缺点?

2．要是该特征在你看来是缺点，你又该做出怎样的改变，使得它往好的方向发展呢？

3．要是该特征在你看来是优点，你又该如何加强这一优势，使得它继续保持下去呢？

老大的优缺点一览表

典型特点	优点	缺点
领导能力强	负责；知道该干什么	可能会导致周围的人过于依赖，降低了他们的积极性；可能会表现得过于专横
积极进取	受人尊重；拥有一票忠实的追随者	独断专行；比较迟钝，往往有些自私；太过专注于目标，忽略了他人的感受
任劳任怨	有合作精神；容易相处；有良好的团队精神	容易被他人利用，受人摆布
完美主义	凡事追求完美，容不得半点差池	吹毛求疵；永不知足；由于担心"工作做得不好"而拖拖拉拉
有条不紊	喜欢掌控全局；准时；按部就班	对于秩序、过程和规则太过在意，该变通时不变通；对没有条理或者不够细心的人没有耐心；不喜欢出乎意料的事情
干劲十足	野心勃勃；进取心强；精力充沛；愿意为成功做出牺牲	给自己和同事太多压力
井井有条	制定目标并付出行动；总希望每天比别人多做点；每天都得做计划	可能会陷入困境，每天都忙于完成清单上的事情
逻辑思维强	思考直率；不会失控或草率行事	总认为自己是对的，不在乎别人的想法
勤奋好学	喜欢阅读；爱搜集信息；能全面思考问题，善于解决麻烦	花太多时间搜集材料，而耽误了其他事情；该幽默时却太过严肃

// 直面你自己 //

1．我是不是参加了太多的活动？我该放弃哪些？

2．我懂得拒绝吗？我最近有没有优雅而坚定地对别人说"不"？

3．完美主义给我带来了哪些麻烦？我能分辨出"追求完美"与"追求进步"的差异吗？

4．我是不是太过依赖计划表了，总是利用计划表来规划生活、保持平衡？

5．在成长过程中，父母对我施加了那么多压力，我是否已经原谅了父母？能否坦率地说，作为老大，虽有压力，但也有优势？

6．我是任劳任怨的老大还是强势的老大？我最大的优点是什么？我的缺点是什么？该如何改进？

7．如果我知道自己是一个自信强势的老大，我是否愿意请另一半、孩子及同事来指出我的优缺点？家人是否介意我陪伴他们的时间太少了？

8．要是我对兄弟姐妹产生嫉妒或怨恨，我是否愿意坦然面对，并试着调整这种情绪？我在什么地点、什么时候能做到这点？

9．我是不是太在意他人的想法了？最近是不是有类似的事情发生，并对我造成了麻烦？

10．我是不是太吹毛求疵了？家人或朋友是不是认为我太过挑剔？

05

多好才算好：老大们的完美主义

///

要是有人问你："在老大眼中，到底多好才算好啊？"你会怎么回答呢？

你会把完美主义看作是一个麻烦吗？难道世上不应该多点完美主义者吗？让我们的工作与服务井然有序不是更好吗？

你是怎么看待完美主义的呢？你觉得下面哪一项描述最为符合呢？

A．一种负担

B．会导致压力，甚至是疾病

C．慢性自杀

D．一种优势

以我的经验来看，头三个答案都是对的，错误的倒是D。完美主义并不是一种优势，要是你原来选了D，我劝你最好改变这种想法。

但是，首先，你得知道自己的完美主义程度到底有多深。要弄清楚这一点，请认真完成下面的测试。

你的得分怎么样？做完这个测试，是不是有点知道为什么自己有时候"感觉不好"的缘故了？

你是完美主义者吗?

如果你是个完美主义者,那你中毒有多深呢?请认真阅读每道题,并根据自己的实际情况回答:4(一直);3(经常);2(偶尔);1(从不),然后把各项数字相加。

1.你会因自己或是别人的错误而生气吗?

2.你觉得每个人都得像你一样尽全力做好每一件事?

3.你是不是经常使用"应该"这个词,如"我应该小心点的"或者"我们应该马上开会讨论这件事"?

4.你是否觉得很难享受成功?就算某件事情进展得很顺利,你还是觉得某些地方应该做得更好?

5.哪怕一个很小的错误都会使你难受一整天,或者至少一个上午?

6.你是不是不喜欢"够好的了""差不多"之类的词,尤其是在工作中?

7.你是不是会由于自己没准备好而拖延工作时间?

8.你是不是对某件事情不太满意,因为只要时间充足,你就会把它做得更好?

9.无论是在开会、团队合作还是任何需要大家一起参与的场合中,你都希望能一手掌控全局?

10.如果你觉得该怎样去做某件事,你会不会要求周围的人都用相同的方式来配合你?

11.面对半杯水,你看到的是玻璃杯空了一半,而不是满了一半。

评分:

0-22:你根本不用读这章内容,完美主义和你八竿子打不着

23-27:轻度完美主义

28-36:中度完美主义

37-44:极端完美主义(你对自己和他人的要求太严格了)

交友广告上的完美主义

每每谈到完美主义,我最喜欢搬出这个例子了,以下是我从报纸上剪下来的一份交友广告,上面的这位女士绝对是个极端完美主义者:

克里斯蒂安,女,单身,教授,金头发,蓝眼睛,身高1.57米,体重45公斤。欲寻一名30多岁的单身男士,要求是基督徒,拥有大学学历,富有爱心,热爱自然、运动和健身(不能参加团体运动)、热爱音乐、舞蹈、教会和家庭生活。不抽烟、不喝酒,身形苗条,身高1.73-1.82米,头发浓密,没有胸

毛，聪明，诚实守信，有幽默感，善于沟通，善解人意，温柔深情，不主观行事，慷慨大度，愿意帮助他人，脾气温和，不以自我为中心，有保险和一定的财产，注重健康，干净整洁，体贴可靠。我比较传统保守，如果你也和我一样并信奉基督教，欢迎与我联系，我的邮政信箱是82533。来信请附上一张近期彩色照片和地址。

从这则广告中，我们可以读出很多信息。首先，对于这位女士的一长串要求，我真是无话可说，我敢打赌，这位女士一定会单身很长时间的。你想想看，她前一秒还和汤姆·克鲁斯那样的帅男人约会得好好的，后一秒就因为从男人Polo衫里瞄到了几根胸毛，然后关系就结束了！

我敢说，这个金发蓝眼，身高1.57米，体重45公斤的职业女性要么是家里的老大要么就是独生女。在上面那个测试中，她保准会得35分以上，是个十足的极端主义者。这种性格的人到处都有，他们要求严格，生活中时时刻刻都像是"撑杆跳"一样，总是希望把跳杆放得再高一点，但是每一次都把自己摔得伤痕累累。

18个月大的完美主义者

在很小的时候，我们就已经养成了特定的生活方式（我们行为、思考以及感受的方式），其中就包括完美主义。我的大女儿霍莉18个月大的时候，她的完美主义迹象就已经显露无遗。当时我们正在加利福尼亚海岸度假，那是霍莉第一次接触海滩。她在沙滩上没待一会儿，就摇摇晃晃地向我们走来，竖着一个手指，上面有几粒沙子。

她"呜呜"地嘟囔着，显然是对这"脏东西"很不高兴，想让我们帮她弄干净。看吧，在我们眼前，18个月大的霍莉就已经表现出了完美主义的迹象。尽管我们不断鼓励或纠正霍莉，叫她不要那么吹毛求疵，但是一切都无济于事，等她长大成人后，她还是一如既往地追求完美。这就是为什么（正如我前面所说的）她的学生上文学课若是不提前预习就会被留校。一直以来，霍莉每次都会按时完成学校的作业（从高中到大学从没落过一次），所以她自然希望自己的学生也能和她一样。

不过，虽然霍莉从来都会把自己收拾得利利索索，但是在家里，最爱干净的可不是她，而是她的妹妹克莉丝（第8章中将详细关注她）。凡事都追求完美的霍莉竟然对房间的整洁度要求不高，这一点也不奇怪，毕竟生活中总有许多不尽如人意的不完美，完美主义的她需要一个窗口来掩饰挫败感。

在上面的测试中，分数介于中度和极端完美主义者之间的，通常就是我所说的"沮丧型的完美主义者"。他们一辈子都活在自我谎言中："只要能变得完美，我这辈子就值了。"这变成了他们的生活风格。我这里说的"生活风格"并不是说涉及衣食住行的生活风格，而是阿尔弗雷德·阿德勒医生创造的术语，指的是人们在达到目标过程中所表现出的心理状态（第12章中将进一步提及）。

小心吹毛求疵的完美主义者

当完美主义者沮丧到一定程度的时候，他们就会对自己以及周围的人极端挑剔。就像上面说的那个交友广告上的女士，她很有可能会碰巧遇上一个满足她"所有要求"的男士，然后那名男士刚好会傻到和她结婚。但是等蜜月结束后，他就会发现她吹毛求疵的真面目，这下得付出巨大的代价了。

这些沮丧的完美主义者往往戴着一张"客观"的面具，他们最喜欢的座右铭是："没有最好，只有更好！"他们这种鸡蛋里挑骨头的性格往往让人恨得咬牙切齿。他们甚至还能把人变得神经过敏，使人不得安宁，不能安生地工作。

我总是和一些经理及管理者说，要是他们身边有一个极端沮丧的完美主义者员工，并且已经开始祸害他人的正常工作了，那就得采取一些强硬措施了。首先，给这名员工一个友善的警告，让他（她）有机会去改正自己的行为。要是还是屡教不改，最好的办法就是把他（她）调到其他领域，最好是不用与人打交道的领域。要是实在不行，那就只能请他（她）换个工作了。

如果你是在一个极端挑剔的完美主义者手下工作，而这人刚好是办公室主任、总裁或是其他有权有势的地位，千万别因为他（她）不断挑你刺而过意不去，你要知道，这世上没人能让这些人满意，就连他们自己也不行。也许这份工作报酬不错，所以你就坚持下来了，继续在不断的否定中匍匐前进。但是，要是你觉得自我实现和工作的满足感更重要，那你可就得考虑换个工作了，这儿并不是你呆的地儿。

完美主义的周期

对于完美主义者来说，没有什么是十全十美的，一项任务就算完成了，他们也总是会觉得还有应该改进的地方。完美主义的周期通常呈现以下几个阶段：

1. 没有谁能比完美主义者更配得上"既然做不到最好，那还不如不做"这句格言了。他（她）总是认为凡事都应该尽善尽美，把自己想象成舞台上的表演者，一步之差便会毁了整个表演。

2. "贪多嚼不烂"也许是完美主义者的主要问题。对于完美主义者而言，他们总是希望尽可能多地完成一件又一件事，哪怕他们的日程表上已经满得不能再满了。这往往就是导致一连串失败的症结所在。

3. "栅栏效应"使得完美主义者惶恐不安。他们朝轨道下方看去，眼前的栅栏连绵不绝，一个比一个高。这些"栅栏"并不真实存在，而是指完美主义者们眼中的一个又一个障碍，他们往往把这些障碍无限扩大，"我怎么会摊上这么个麻烦事？我该怎么办才好？"就是完美主义者嘴上常见的哀叹。

4. "栅栏"似乎越长越高，这下，完美主义者们往往会把失败一个劲放大，而把希望放到最小。如果完美主义者犯错，他们就会反复回味咀嚼，一定要找出症结所在。在他们眼里，就算某项任务圆满成功，他们也还是会不满足，总是会想："我可以做得更好。"

5. 当压力过大，令人难以承受的时候，完美主义者要么就会全身而退，放弃项目，要么就会以"时间不足"等借口降低完成的标准。

6. 无论完美主义者是设法完成了任务，还是由于压力过大放弃了任务，他们始终都会觉得自己应该更加努力。他们就是我所说的"阿维斯情结"最初的受害者。一直以来，有阿维斯情结的人都自愿把自己放到第二名的位子上，他们的口号就是："没错，我们是第二名，但是我们很努力。"在我看来，这句话完全能表达出完美主义者的尴尬处境：他们从来就不会满足，永远觉得自己是第二（或者更低），总是要不断地去追求更好。

患有阿维斯情结的人可不只局限于平民百姓，许多社会名流也深受此困扰。演员亚力克·吉尼斯就曾承认对自己的工作感到不安，他说："我所做的事从来都没有令我真正感到满意，我永远都是处在这个地位上，无法达到自己向往的样子。"亚伯拉罕·林肯在葛底斯堡演讲结束后，称那次演讲就是一场"彻头彻尾的失败"。在世人眼里，达·芬奇就是杰出的画家、雕塑家、科学家、工程师及发明家，是世界上真正的天才，但是他却说："我得罪了上帝和人类，我的作品都没有达到应有的水平。"

对完美无望地追求

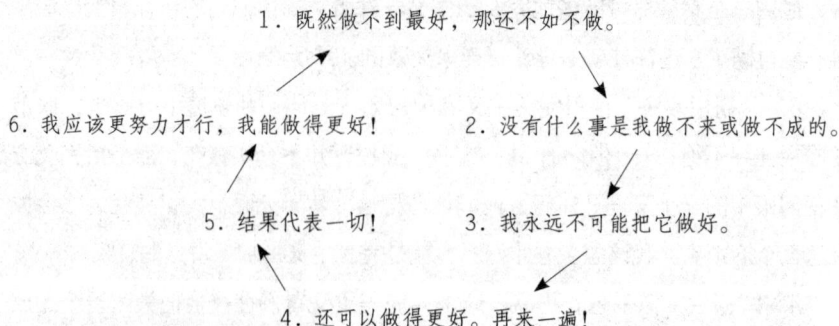

1. 既然做不到最好，那还不如不做。

6. 我应该更努力才行，我能做得更好！　　2. 没有什么事是我做不来或做不成的。

5. 结果代表一切！　　3. 我永远不可能把它做好。

4. 还可以做得更好。再来一遍！

拖延症患者

这六个阶段每天都会上演好几次，上演的次数取决于完美主义者所做的事。而在他们经历这个循环的时候，常常会患上拖延症。

你有没有碰到过拖延症患者？（恐怕你对此再熟悉不过了。）对于拖延症患者来说，时间、日程安排以及最后期限可是个定时炸弹，往往把他们炸得粉身碎骨。完美主义者之所以会做事拖拖拉拉，最主要的原因就是害怕失败，他们总是抱有很高的期望，因此对于是否开始一项工作，他们就会犹犹豫豫，总觉得还没有准备好。这样一来，他们倒宁愿拖到最后一刻才完成任务，那样的话，他们就可以找理由说："要是有足够的时间，我能做得更好。"

最近，我做了一期收音机节目，整场的话题都是围绕"完美主义""为什么你总是感觉不好""为什么总是达不到要求""为什么从来都做不好"，等等。当天，我们收到了很多听众的来电，他们都深受完美主义及拖延症的困扰，总是觉得自己的人生糟透了。迈克尔就是其中之一，他抱怨说，他从未真正完成过一件事情，一点成就都没有（这是完美主义者拖延症的典型表现）。每次他和妻子、孩子一起开始做一件事，最后总是不能坚持到最后。他觉得自己总是说大话，老是搬起石头砸自己的脚。

迈克尔的这种症状，特别像我在《当完美遭遇"不完美"》一书中所描述的那样——那本书专门探讨完美主义的诸多问题，以及该如何去征服它的一系列方法。听完迈克尔的抱怨后，我当场就跟他说，我知道他和他的家人是什么样的人。我是这么说的：

有时候别人会让你去做某件事，但是你会拒绝，因为你一看整件事的大概情况，你就会说"不可能，我做不了"。然后你就会转身去做别的事。或者，即便你答应别人去做某件事，但最终你要么失去兴趣，要么干脆放弃，要么就拖到最后再完成。

我猜，你家里人都特别挑剔，你小时候肯定受了不少批评。换句话说，你的父母很严格，所以你为了避免批评，你干脆就不把事情做完，你肯定是想"如果我压根儿就没做完，看别人还怎么批评我？"这当然是自欺欺人，只是为了让自己好受点儿。

迈克尔听了十分诧异："你说的真是太准了，我就是这样的人。有时候一碰到什么问题，我就会打退堂鼓，觉得这事需要八九个步骤，我实在是做不了。而有时候，倒是会先做两三个步骤，然后就会转做其他的事，也有可能干脆就放弃不做了。我现在最大的麻烦就是动不动就放弃，就算立下了诺言，最后还是会控制不住、会食言。"

这种事情时有发生，迈克尔自己也早已清楚自己的德行并已经意识到了问题所在。在这个节骨眼上，只要稍微点拨一下他，他就能改变自己的行为。我问他小时候是不是喜欢建模型，他说他确实喜欢"模型车这样的东西"。这就对了，像他这种患有拖延症的完美主义者们一般都喜欢建模型或者玩拼图之类的游戏。

"接下来是关键，听好了，迈克尔，"我补充道，"你是个非常能干的人，比自己想象的能干多了。我相信与你相熟的人一谈到你，一定会说：'那家伙潜力无限，令人难以置信！'"

原来，迈克尔是一家陶瓷店的经理，这一领域要求非常严格，简直就是为完美主义者量身打造的。我告诉他，我敢肯定人们一定对他的作品赞不绝口，但是他肯定会想，要是人们知道哪儿有一点瑕疵，就不会这么说了。

"没错，就是这样的，"迈克尔吃惊极了，"你知道吗，就因为这样，我可是重做了好多瓷器呢。"

那么，迈克尔该怎么做呢？当然是学会以一颗宽容之心来对待不完美！我劝他不要掩藏自己的不完美，要将它们坦白地展现在家人面前，并主动和孩子或妻子说："亲爱的，很抱歉，我错了，我不该那样说大话。"

此外，迈克尔还需要定制一些期限表，以便督促他顺利完成某件事情。当然这个期限一定得合理，并且在最后期限到来之际，事情完成得什么样就是什么样，不要老想着去改进它，要接受最后的样子。

许多深受完美主义情结困扰的人老是会说"这样一点都不好"或者"这样子还不够，它简直不成样子"。这些都是完美主义者矫枉过正的表现。我劝迈克尔不要过快地否定自己，相反，他需要坦然接受事实——完美主义是上天赋予他的美好礼物，他需要积极地善用这份礼物。

乔治与美国国税局

在找我咨询过的拖延症患者中，乔治是最不寻常的一位。他来找我的原因是，在过去四年里，他都没有缴过个人所得税。这令我十分诧异。原来，为了保管个人所得税的收据和发票，他打算专门建立一个详细的系统，但是那个系统一直没建起来。他的家里有好几个用包装纸包裹的野餐桌，上面整整齐齐地摆满了收据和发票。

乔治不停安慰自己，他只是想把每个细节都整理好，然后就把事情搞定。但是，那些未缴税款就像一块大石头一样压在胸口，令他彻夜不得安眠。（更确切的是，是国税局压在他的心上！）

当我得知乔治的妻子是个极为严苛的人（也是完美主义者）的时候，我一点也不惊讶。她总是要求他把家里的一切都整理好。当她要求乔治去修理烤面包机或者门框什么的时候，乔治总是准备好标准答案："别担心，亲爱的，我明天就去修。"当然，到了第二天，乔治还是什么都没修好。

乔治有那么多事要去做，但是却不知道该先从哪件下手，于是乎，他就只能在原地打转，啥也做不成。但是生活总不能停滞不前吧，于是他就来找我了，希望我能帮助他。几次交谈之后，我鼓励他正视自己的问题，一次只做一件事。于是，他不得不立下承诺：礼拜一修烤面包机，礼拜二修门框，以此类推。

我们立了一个铁誓：在没完成手上的任务前不能开始另一项任务。这一直都是帮助沮丧型完美主义者摆脱拖延症的有效方法。我知道这听起来甚是简单，但相信我，这是最基本有效的方法，只要拖沓的完美主义者下定决心坚持到底，总归有可喜的结果。我告诉乔治："美丽的大教堂的建立并非一朝一夕，也是靠一砖一瓦垒起来的。"

乔治看来是把我的话听进去了，他确实下定决心去改变了。他甚至承诺要做个计划表来清理他的税收账单——一次干掉一张野餐桌。故事到此并未结束，令人始料未及的是，乔治付了相应的罚款后，他发现政府还欠他钱哩。

鸡蛋里挑骨头

还记得我的大姐莎莉吗？相信从我的描述中你不难看出她就是一个完美主义者。她总是兢兢业业地把生活打理得井井有条。给大家讲个事情，你们就明白了。

几年前我买了一艘6米长的滑水艇，打算暑假的时候到肖托夸湖上好好逍遥逍遥。我把它拴在码头上，像个孩子一样欣喜若狂，迫不及待地想要把我的新玩具给大姐看。于是，莎莉驱车从她家里赶到码头，特意跑来看弟弟的宝贝。

我站在一旁不说话，只是笑眯眯地看着她，等待她的赞美之词。

莎莉细细打量着那艘船。然而她嘴里第一个蹦出来的词不是"真漂亮""棒极了"，而是"有脚印"！

脚印？她在说什么？

我顺着她的目光望去，果然，栗色地毯上和椅垫上有几处泥印子。显然是开船的时候，我不小心将泥浆带上去的。要是换作别人这么冒昧地评价我的宝贝，我一定会火冒三丈。不过还好是莎莉。我彬彬有礼地问道："没错，莎莉，是有些脚印，但是除了脚印，你还有要说的吗？"我弯下腰，用手把泥巴清理掉。

我们俩相视大笑，这事到现在都让我记忆犹新。我们知道，这就是莎莉的性子，她是个追求完美主义的老大，自然是时时刻刻都不忘挑剔，这并不是说她吝啬或是不尊重人，这是她的本性。事实上，她之所以这么评论，也是在帮助别人做得更好。

处理失败

幸运的是，虽然莎莉确实喜欢挑毛病，但是她对完美主义的追求更多的是偏向于不断激励自己追求进步（下一章中将详细说明），至少，她并没有演变成沮丧型完美主义者。但是，生活中还是有很多爱挑刺的完美主义者最后都极其容易变得沮丧、抑郁，特别是当他们在某方面失败以后。

那么，你是哪种完美主义者呢？当你对自己的表现或是外貌吹毛求疵的时候，你会把它看作是失败并因此心灰意冷吗？你会不会懊恼自己又犯了挑刺的毛病或是觉得自己再这样下去就将一事无成？

我总是告诉那些完美主义者（通常是家里的老大或是独生子女），人生在世难免经历失败，不管你多聪明，多有天赋或是多么幸运，要想永远不失败，唯一的办法就是干坐着什么也不干。但要是因为担心把事情弄糟而什么都不做，这又何尝不是一种失败呢？失败可不可怕完全取决于你的态度，你可以把它看作是阻碍你前进的敌人，也可以把它当作是激励你前进的老师。正所谓"吃一堑，长一智"，很多时候透过失败你兴许能找到通往成功的另一条道路呢。

客观地看待失败

拥有超然客观的心态是正确看待失败的关键。这对于没有完美主义细胞的老小而言实在是再容易不过了。但是对于那些不能容忍失败的老大或是独生子女而言，要想战胜困难必须得系统地进行认知训练。

拒绝和自己进行消极的对话
不要总是想："我就知道会这样！为什么总发生在我身上！"如果你意

识到自己有这样的想法，请立马将它扼杀在摇篮里，相反你要冷静下来好好思考一下事情的前因后果。失败的原因是什么？第一步错在哪里？第二第三步又是如何错的？你是否违背了自己的判断？下次碰到这种问题你会怎么处理？其实，当你审视失败或者错误的时候，你就已经在吸取经验教训，找到了问题的解决之道。

别听旁人的反对之言

诚然，人一失败，自己本身就已经很难过，这时候再加上来自家人、老板、朋友或是爱管闲事的邻居的闲言碎语，这种内外煎熬使人心里乱糟糟的，很难静下心来分析问题。但是，你要记住，你没有义务去相信那些批评甚至是谴责你的人，最好听都不要听。

倘若你是家里的老大，你要明白，你的一生都在为达到别人的标准而活，你可能从来都没有停下来好好想想，自己到底想要什么样的生活。一直以来，你都在忙着达到家长、老师、配偶等人的要求，当你把别人的期望当成自己的目标后，你自然而然就会相信那个人的话，任由他的话左右你的想法。

在我们耳熟能详的名人当中，如果他们当年听信了别人的批评，恐怕最后也不过是无名小卒罢了。

英国首相温斯顿·丘吉尔，这个在"二战"中带领英国坚持到底的男人，其最引人瞩目的便是他那雄辩的口才。要知道，他在上学的时候可是班里垫底的，考试基本上是不及格的。

巴勃罗·毕加索的画可是值钱得不得了。但是你可知道，这位才华横溢的画家10岁的时候还不大会读书写字呢。专门辅导他学习的家庭教师最后不得不放弃，并且一脸鄙夷地说毕加索根本就是个傻瓜。

路易·巴斯德可不是化学班上最优秀的学生。

出版商还说赞恩·格雷根本就不是写作的料。

托马斯·爱迪生的老师们说他是"烂砖块"，并把他赶出了学校。最后他的母亲不得不在家教他。

那个作曲家贝多芬，他的老师说他是"无药可救的傻瓜"。

当然还不能忘了爱因斯坦，他的相对论可是改变了整个科学界，但是他高中的时候，学习可是一塌糊涂，甚至连大学的入学考试都没过。

对于爱因斯坦遭遇到的情景，我可以想象一二。他的老师肯定经常走到小爱因斯坦的课桌前，气愤地弯下身子，对着他大喊："爱因斯坦！你又在干什么？你不是应该练习乘法表吗？你这个E，还有那个等号的标志，这个mc后面还带个2，这都是些什么东西？你不会算6×7吗？"

拒绝愧疚

在应对失败的过程中其实你也在与自己的愧疚之心做斗争。当你扪心自问"这次我是不是觉得愧疚？"的时候，答案是什么样的？对于大多数的完美主义者而言，答案是肯定的。找我咨询的人中，这类人不少，我有时称他们为"生活负疚者"，他们普遍犯的错误是：

对自己犯过的错误念念不忘

围着孩子转，受孩子摆布

承担他人的过错

向抑郁低头

总觉得自己活该受罪

拿别人的标尺审视自己

宁愿受罪也不愿意采取行动改变现状

要想了解更多关于应对愧疚的信息，可以看看我的其他书。《取悦者》和《当完美遇上"不完美"》都是不错的选择。

06

追求完美，还是追求不断进步？

//////////////////////////////////

相信通过上一章的阅读，你已经明白完美主义并不是一种健康的生活方式。说不定你也注意到了自己身上具有某些完美主义的特点，并且正为此发愁呢，担心自己会遇到什么困难。

如果你这么想，那先恭喜你了！你已经迈出了第一步，它将引领你走向健康的生活，说不定还将影响你的家人和朋友呢。沮丧型完美主义者往往都固执己见，自以为是，总是按照自己的步子一走到底。这种人一出现会引起怎样的骚动呢？大家会突然变得忙碌起来，吃饭的人就会一门心思吃饭，干别的事的人就会忙着手边的事，就算没事也得找事做，万不想被这种人盯上。就连他的敌人都不愿浪费口舌骂他几句。

除非你能改变你那种完美主义的态度，否则就算你闭上嘴或是甘愿忍受完美主义带来的煎熬，你都不会有真正的改变的。不信你就试一下，用不了多久你就会病倒。完美主义会使人焦虑，而这种焦虑不管是有意还是无意都需要一个发泄的窗口，否则你就会为此付出健康的代价。这就是为什么许多老大和独生子女跑去看心理医生，对医生最先诉说的就是身体上的一些问题，比如说偏头痛、肠胃不适、背疼，等等。他们对生活忧心忡忡，往往受结肠炎、溃疡、面肌抽搐、丛集性头痛等疾病的困扰。

你可能会不以为然，觉得我有点夸大其词了。

没错，凡事都因人而异。我承认，并不是所有的完美主义者都会有严重的身体和心理问题。但是有些完美主义者表面上看来一点问题都没有，然而在看似完美无瑕的表象之下，这些人往往会为了自己的地位而惶恐不安，非常沮丧，还总是会想："为什么我要一遍又一遍地做这些自己不想干的事情？"不管你的完美主义程度是深是浅，它对你来说都是一种负担和压力。我接触过好几百个完美主义者，我知道该如何帮助你去控制完美主义，并将它一步一步朝好的方向转变。

完美主义VS不断进步

说到这，许多完美主义者想必是一脸的不屑："好吧，你说说我该怎么去应对我的完美主义呢？难道要我去做个平庸甚至是失败的人吗？"

当然不是。关键是要了解"无望地追求完美"和"不断地追求进步"之间的差别，一定要把握好其中的度。

要想切实地明白其中的差别，请完成以下测试。

不难看出，第一个选项都是完美主义者，第二个选项都是不断进步者。原因如下：

1. 完美主义者总是设定一些难以实现的目标，因此也往往心有余而力不足。而不断追求进步的人则会根据自己的能力范围设定相应的目标。

2. 完美主义者往往把所得的成就视为

自身的价值，他们觉得自己必须做出成绩来，否则自己就一无是处。不断追求进步的人则把自己看作是最高的价值。

3. 完美主义者容易因为失望而感到沮丧，如果事情不成功他们就会彻底投降，在他们眼里，一件事如果不能取得完美，那干吗还要去做呢？不断追求进步的人也会因为挫折而沮丧，但是他们不会轻易放弃，而是不断地朝着目标前进。

4. 完美主义者认为失败是最可怕的事情，一旦失败了就会一蹶不振。不断追求进步的人则会在失败和错误中汲取经验，因此他们能在未来做得更好。

5. 完美主义者往往沉浸在失败中无法自拔，他们认为别人会永远记得他们的失败并会时不时往他们的伤口上撒盐。不断追求进步的人则会积极地改正错误，然后丢下包袱，不给未来留下阴影。

6. 完美主义者眼里只有第一名，根本容不下其他东西。而不断追求进步的人认为只要尽全力就问心无愧。

7. 完美主义者害怕甚至是憎恨别人的批评，对于别人的批评，他们要么逃避要么无视。不断追求进步的人也不喜欢别人的批评，但是对于那些有用的"逆耳忠言"，他们也会欣然接受。

8. 完美主义者认为他们必须成功，否则他们辛苦树立起来的美好形象便会崩塌

到我的衣柜，我就忍不住笑了起来，我都不能再好好地写下去了。

我想你应该已经猜到了，我没有兄弟姐妹。几年前我发现了一个奇妙的现象，我一定要告诉你，那就是，和我亲近的朋友都是家里的老大或独生子女，其他朋友要么是年轻人要么是年长的人。我以前虽然清楚地认识到了这一点，但却一直都不知其所以然，直到读了你的书，我才知道了个中缘由。

当然，我以前一直以为自己不是个完美主义者，远远不是。比如说，在我的职业生涯中，我的桌子基本上一直都是乱糟糟的，但是我能在一分钟之内找到自己想要的东西。我也不知道为什么我老是会对我的桌子失去控制。感谢你让我知道了原因。

不说了，和一个陌生人说这么多自己的个人生活还

真的有些令人毛骨悚然。莱曼博士，你的书对我影响很大。谢谢。

爱德温

（有趣的是，爱德温以前是报社记者，后来成为了一家上市通信公司的五位副总裁之一。从他的信中，我们看到了一个幡然醒悟的完美主义者。）

瓦解。不断追求进步的人不在乎得不得第一，不论最后取得什么名次，他们依然潇洒自如。

测一测

每道题都有两个选项，仔细阅读每一对选项后再做出判断，在"追求完美"的选项上标P，在"追求进步"的选项上标E。

1. 我的目标是第一。_____
   我努力去尽我所能。_____
2. 结果最重要，其他都是空话。_____
   我尽力了，不管结果怎样，我都问心无愧。_____
3. 就算我有能力，做不成又有什么用呢？_____
   这次教训真狠，不过我会应付过来的。_____
4. 我搞砸了！我怎么能让这种事发生呢？_____
   真倒霉！不过我知道错在哪里了。下次……_____
5. 这次要是再犯老错误该怎么办？要是有些事情我控制不了怎么办？别人会笑话我的。_____
   终于又让我等到机会了。这次一定会让人大吃一惊的。_____
6. 我是为了第一名而来的，谁会记得第二名是谁。_____
   我尽力做到最好，只要尽力了我就问心无愧。_____
7. 他们怎么能这样说我？他们难道不知道我在这个项目上花了那么多的时间吗？_____
   他们也许说的没错。虽然我不乐意听，但是他们说的也有道理。_____
8. 不要再自欺欺人了，他们喜欢我是因为我有利可图。_____
   没人会喜欢失败，但这只是游戏，重要的是享受过程。_____

如何通过不断进步来抑制完美主义的发展

在与完美主义者打交道的过程中，我积累了一些行之有效的建议，供大家学习参考。

认真对待完美主义。完美主义并不是小小的"心理问题"，它是你的死敌，是一种慢性自杀，我可没和你开玩笑。

完美主义者总是竭尽全力去逃避批评或失败，哪一样他都不能接受。但是你要明白，人无完人，失败与挫折在所难免。失败不要紧，与其沮丧到底、一蹶不振，倒不如积极地去分析一下情况，找一下失败的原因。就算没有达到你的期望，最坏的结果会是什么？或许只要你稍微调整一下你的目标，使它更实际一点，说不定就会成功呢。你要记住，名人堂里的很多棒球联盟运动员都是从一次次的失败中爬起来的。换句话说，他们通向名人堂的道路都是一个个300分堆积起来的。

一个击球手至少要击出300分才能称得上"优秀"。每次击球他都得拿捏好分寸，用力太小就跑不回本垒，用力过猛就会被对方的游击手封杀或者是被二垒手追杀。若是没打出好球，他也绝不能气馁，相反，他必须迅速调整好心态，并鼓励自己"下一次，我一定能得分。"不管你做什么，道理都是一样的：竭尽全力击出最好的球，不论结果怎样，问心无愧就好。或者换句话说：真正的赢家会坦然面对失败与挫折，即使这次被判出局，下一次他们一定会不断地挥舞着球棒，全力以赴地扳回局面。

完美主义简直就是天方夜谭。不要再对完美主义存有无望的幻想了。既然你永远不可能达到完美，为什么就不能坦然接受自己不完美的样子呢？每天早上起来就对自己说：今天我要做个不完美的人。

当然，我并不是提倡你做个平庸的人。我始终坚信，这世界离不开完美主义者，有了完美主义者，这世界才能更好地运转。和大家说个例子，有一次我胃疼得坐也不是站也不是，于是就进了急诊室做胆囊手术。在麻醉师给我上药的空儿，我就和麻醉师聊了起来，打算分析分析他的出生次序。他用蹩脚的英语说道："出生次序？我不知道这是什么术语。"

我说："你是不是家里的长子？"

"不是。"

"不是吗？"我有些吃惊。

他坚定地说："我是家里唯一的孩子。"

"我就说嘛！"

我和你说过，我喜欢研究飞行员的出生次序，以便确认一下他们是不是家里的老大，而事实也证明，大部分飞行员都是家里的老大。有一天，我乘坐一架通勤飞机沿着加利福尼亚海岸，一路飞往洛杉矶200多公里外的圣玛利亚去参加子女教育座谈会。这架通勤飞机非常小，我坐的位置离飞行舱不到1米，以至于我老是不住地往机长的电子表上瞟。

"你是家里的老大，对吧？"我自信地问道。

"不，我是家里的老小。"他回答道。

我有些紧张了，不死心地问道："那你的搭档呢？"

他问了问他的搭档，然后说道："他也是家里的老小。"

真是难以置信，开飞机的竟然是家里的老小！我差点从座位上跳起来。但是谢天谢地，机长并不是家里纯粹的老小，他上头还有个比他大12岁的二哥，而副驾驶上头也有个大他6岁的大哥——他哥哥也是开飞机的。

我静下心来，老老实实地坐在座位上。这两位机组人员确实是家里的老小没错，但是由于年龄差距这一变量，他们身上也发展出了一些老大的特征，所以是不折不扣的功能性老大。想到这我可算是放心了。后来，我们在圣玛利亚安全着落，两位驾驶员的表现非常出色，即使是碰上不稳定的气流，他们也能应付自如。

我之所以和你们讲麻醉师和两位驾驶员的故事，其实是想告诉你们，有些工作还真是挑人，不同性格特征的人适合的工作也真是不一样。在我看来，像麻醉师、飞行员、外科医生之类的职业人其实不必凡事都那么死心眼，特别是在家和妻子、孩子相处的时候，可以放下负担，展现出不完美的一面，把那种不断追求进步的心思放在工作上就可以了。

宽以待人，不要总是去批评自己和他人。你要以一颗宽容的心对待他人。要是你实在忍不住要给别人意见，尽量做到对事不对人，不过做到这点也不是件容易的事。一个行之有效的办法就是，千万不要对人指手画脚，叫人"这样做""那样做"，而是要实事求是就已经发生的事情发表自己的看法，比如说"你真的成功了，做得真不错！"这样一来，效果会截然不同。当你放过别人的同时，其实你也学会了坦然面对自己。

许多完美主义者之所以会怨天尤人，其实就是对自己不满意，这也无怪他们会把自己批得体无完肤。但是你要明白，每个人都有失误的可能，倘若你在接受任务之前就做好可能会犯错误的准备，那样就算之后真的发生什么错误，你也能坦然面对了。

鼓足勇气大声承认："我错了！"这可能是完美主义者最难以启齿的一句话了，因为你们的骨子里从来就不会向"弄错了""不怎么样""不完美"等想法妥协。作为完美主义者，在你学会说"我错了"的同时，你还要学着说"对不起！""你能原谅我吗？"这两句对你来说更加难以启齿的话。

这三句话一共就12个字，不管对哪种出生次序的人来说，它们都是很难轻易说出口的，对老大们而言更甚。如果你把完美主义当作自己的目标，那么你的眼里必然容不得半点错误，更别提说出这12个字了，这无疑就是在让你承认自己的错误，而失败正是完美主义者最忌讳的。但是，你要知道，勇敢地承认自己的错误会让你变得更加平易近人。

要让自己的脸皮再厚点。完美主义者生性敏感，这是他们骨子里的东西，只能一点一点慢慢改善，休想一夜之间就摆脱它。一旦你发现自己疑神疑鬼，说起话来咄咄逼人，不论是针对自己还是别人，你可要静下心来好好想想了，千万别冲动。

这样一来，你就会少做很多让自己后悔的事。一天结束后，当你回过头来，你也许就会说："不就是忘记发个邮件或打个电话吗，我没必要这么沮丧啊。"别看这只是个简单的觉悟，那也是一种进步呢。要知道，改变可不是一蹴而就的事情。

此外，敏感的完美主义者们要时不时做些自己真正喜欢的事，一定要善待自己，就像广告里说的那样："你值得拥有。"但实际上完美主义者们很难相信这一点，他们无法真正放开自己。我的一个女客户有个习惯，就是在当地的百货公司买完新衣服后，没过几天就会把它们退回去。她是一个非常典型的沮丧型完美主义者，前脚刚买完东西，后脚就把它给退了，问其原因，理由就一个："它们不大适合我。"

我告诉她，不是这些东西不合适，而是她觉得自己没有达到心中的完美标准，所以不配拥有它们。我们需要帮助她弄清两个问题：（1）她的确需要新衣服；（2）她完全值得买新衣服并拥有它们。她之所以会对买的东西吹毛求疵仅仅只是为了掩盖自己不配拥有新衣服的想法。

最后我们终于有了一定的进展。她给自己买了一条新裙子，没再退回去。然后她的衣柜里又增加了一件毛衣。后来，她丈夫还打电话向我抱怨，说他挣的钱全花在她的衣服上了，我知道她已经摆脱困难了。

细致地品味生活。换言之，不要一口吃成个大胖子。完美主义者往往眼高手低，设置的任务量常常超出自己的能力范围，使自己应接不暇，最后反而消化不了。相反，你应该一次只做一件事，完成手头的任务后再开始做下一个任务。当然，当你应对手中的任务时，难免会被一些大大小小的事情所牵绊，这时候，你要记住，凡事都有个轻重缓急，万不能将自己的行程安排得过于紧凑，一定要给最重要的任务腾出充足的时间。（对于完美主义者而言，他们总是喜欢把事情堆在一块儿来做，还总是以为自己能全部做完。）总之，日程切忌排得太满，要给突发情况预留出应对时间。

不要对自己期望过高。完美主义者总是抱有不切实际的期望，设定的目标往往难以实现，在他们眼里，这些期望与目标能不断督促他们更加努力，从而走向成功。然而，我却要将它们称为"负激励"，不鼓励人不说，最后反而会演变成压力与负担，使人沮丧、压抑甚至一蹶不振。我曾经接触过一个职业棒球投球手，他是一名极端的完美主义者。在棒球比赛中，要是他的分数遥遥领先，他在赛场上就会如鱼得水，往往把击球手杀得片甲不留。但是，要是他处于劣势，比如说落后三球和一击球，他就会深受影响，总是失手。更有甚者，要是有人犯了错误，那他就会彻底崩溃，不能正常比赛。

来找过我几次之后，他就转到了其他队伍。有一天，他所在的球队在一个地方打比赛，我刚好也在那个城市，于是就顺道去了比赛现场。我找了个离球员休息处最近的位置，希望引起他的注意。果然，他看到我后很是惊喜，还告诉我说在这个赛季中他赢了五场比赛，没有任何失利。我听了很是高兴。

"别担心，博士，"他微笑着说，"我一直都牢记你对我说的话。每次一走到投球区，我就告诉我自己：'今天可能会出个啥岔子，可是那又有什么关系呢。'"

这种意见听起来疯狂极了，但是对于极端完美主义者来说，这种方法再有效不过了。这能让他意识到，他不能一味地享受成功，总会有失手的一天。一旦他承认了这点，他就能很好地放松自己，自在地发挥自己的潜力。当他降低了对自己的期望，他就会坦然面对自己的不完美，因而也就不会被完美主义所羁绊了。

善于说"不"。这一点对于急于得到别人认同的老大或是独生子女来说尤为重要。很多情况下，完美主义者心里是一万个拒绝的理由，但是话到了嘴边却变成了"好的"，这一点尤其让他们困扰。由于无法顺利拒绝别人，完美主义者们的挫败感会不断地提升，累积到一定的程度后便会爆发出来，一发不可收拾。

但是，你要明白，如果你不能说"不"，你也将永远无法对生活说"是"。换言之，在你的生活中，有太多人想着要占你便宜，给你添不同的麻烦，你将无法拥有自己的生活。我在这里说的可不是泛泛之交或是你的敌人，向你提出不合理要求的人往往就是你的家人。当然，对着丈夫、孩子，或是父亲、母亲说"不，我不能做那个"，或者语气更重一些"不，我不想做，那不该让我来做"并不是一件容易的事。

但是，你要知道，当你以一种礼貌温和的方式说出"不"的时候，你就会有意想不到的收获。头疼和胃病将不再光顾你，人们也不会整天围着你要占你便宜。

努力成为一个乐观主义者。就像我前面提到的半杯水理论那样，完美主义者看见的通常是空了半杯，而对于积极乐观的人而言，他们看到的是满了半杯。这就关乎积极思考的力量。积极思考这一概念的提出使得诺曼·文森特·皮尔一跃成为炙手可热的畅销书作家，这一概念之所以能为大家津津乐道，根本原因在于它是世界上最为强大的心理动力之一。因此，让我们用最简单的方式开始改变吧。仔细想想哪些事让你感激，想想哪些人让你感激，想想你为什么会如此感激。

当你忍不住去想今天犯了什么错时，也不要忘记去想想今天做对了哪些事（至少三件）。要是你实在想不出今天有什么好事，那就想想昨天的、前天的。另外，憧憬一下接下来会发生什么喜人的事，关键是要着眼于好事，而不是坏事。

换一下自我对话的内容。我在第5章就说过这个话题，但是我在这儿还得再强调一下，毕竟这对于抑制完美主义是关键。以下是一些把"消极对话"转变为"积极对话"的例子。

不要说："我讨厌开大会。"

而要说："我不太喜欢开大会，但是这次应该还不错，我想应该能学到东西。"

不要说："我不要这样做，看起来像个傻瓜一样。"

而要说："我可以的，没什么可怕的，别人才不会在意我呢。"

不要说："我不能在一堆人面前讲话。"

而要说："我不太喜欢在人群面前发言，不过我准备好了，再说这次真的很重要。"

积极乐观的自我对话能有效地处理信心不足和不愉快。与其老是想着自己的缺点，倒不如把自己的长处好好地列下来，时时给自己加油鼓劲。不要太在乎自己的缺点，你要不断地告诉自己，不完美的人更容易与人相处。

放下怨恨。别人的羞辱或者工作得不到应有的赏识等都是怨恨的源泉。它是一个沉重的负担，只会不断地蚕食你的精力。你要记住，每个人都会犯错，有时难免会说出一些口是心非的话，但生活仍要继续，何必将时间和精力浪费在怨恨上呢？所以，请放下怨恨，继续前进吧。

保持对生活的激情。现在静静地思考一分钟，想想童年时光里发生的五到十件事（想知道这为什么这么重要吗？请去《为什么你的童年记忆如此重要》一书中寻找答案吧）。这些记忆也许只是一些模糊的片段或场景，但可别小看这些一闪而过的片段，它们可是有着特殊地位的，不然也就不会在脑海里停留这么多年了。阿德勒心理学认为，早期的童年记忆关乎一个人成年后对世界的看法。实际上，这些童年记忆不论好坏，都反映着一个人的生活态度与风格。

有一次，我让一个二十多岁的客户和我说一下他的童年记忆，他提到了有一次他望向窗外，看着别的男孩在大风中放风筝的情形。看起来，打从记事以来，他总是站在一旁看别人愉快地玩耍，从不参与其中。这就是他来找我的原因之一。现在，他还是以一副冷眼旁观的姿态对待生活，做什么都没有激情，即使是在一些自己擅长的领域，他也提不起兴致。他羡慕甚至是嫉妒那些能积极参与、感受生活的人，他总是希望有一天能和他们一样。

我猜，你已经猜到这个年轻人的出生次序了，甚至还有他父母的样子。没错，他是家里的老大，他的父母是典型的完美主义者，十分严苛。这个年轻人之所以缺乏自信，不敢尝试任何事情，原因显而易见，他的父母在他童年时期就已经剥夺了他对生活的激情。

　　并不是所有的老大及独生子女都会遇到和这个年轻人一样的遭遇，但是，这个年轻人就是老大或是独生子女演变成沮丧型完美主义者的一个活生生的例子。他们专注，抱负远大，有着出色的组织性和计划性，富有创造力，谨慎细致，记忆力又强。他们往往都是领导级的人物，令其他出生次序的人望尘莫及。总之，他们集优势于一身。

　　但是，这么多优势并不是一种保障，一旦失去平衡，反而会使自己陷入完美主义的泥淖之中，成为牺牲品。所以，完美主义者们必须不断努力，以更加开放、宽容、耐心的心态对待自己和他人。改变并不是一夜之间就能实现的，但是，只要你一步一个脚印，不断追求进步而不是追求完美，那么你在生活的方方面面将收获意想不到的惊喜。

07

形单影只的独生子女

//////////////////////////

要是你是家里的独生子女，读到这里，你可能就会怨声载道："都讲了六章的内容了，可是独生子女鲜少提及，只是作为老大们的附着品提及，就像是退化的器官一样。"（独生子女的脑洞真是大，竟然用"退化的器官"来形容自己。）

你要是这么想，我也是深表理解的。要知道，独生子女向来喜欢鸡蛋里挑骨头，总是以自我为中心。毕竟，从小到大，家里就这么一个孩子，从来没有人和他（她）争宠夺爱。

这种独特性既有好处，又有坏处。好处是，它让独生子女更加自信，善于沟通表达，看起来高高在上。坏处是，他们将永远不知道拥有兄弟姐妹的滋味，更别说如何处理兄弟姐妹之间的关系了。他们从来都是一人独享所有，用不着和兄弟姐妹分享，也不用时不时委曲求全。这样一来，也就难怪他们会形成一副以自我为中心的做派了。然而，由于父母教育方式的不同，一千个独生子女就有一千种样子。有时候，看似自信的外表下也会隐藏着自卑与叛逆，他们总是要不断地向他人证明，以获得认同感。这听起来是不是很像沮丧型完美主义者的作风？

独生子女的坏名声

独生子女的名声并不好。一项对大学生的调查显示，独生子女给人的印象是：以自我为中心，喜欢成为焦点，郁郁寡欢，不如有兄弟姐妹的人讨喜。这项调查正好印证了阿尔弗雷德·阿德勒在20世纪对独生子女的定位，他是研究出生次序的心理学先驱。阿德勒在他其中一本重要著作中对独生子女下了不怎么光彩的论断："独生子女没办法过独立的生活，他们迟早会变得一无是处。"

虽然阿德勒是我们这一行的开山鼻祖，但是对于他的这一观点，我可不敢苟同。在我看来，他明显犯了一个错误，那就是以偏概全，一棒子将所有的独生子女都打死，显然是过于偏激的。

至于阿尔弗雷德·阿德勒是如何得出这种论断的，我们不得而知。也许，他一整天都只是在和一个或者几个独生子女打交道，参照范围过于狭隘。但是，不管怎么说，他都不该说出这样没有确切根据的话来，将那些出色的人也拖下水。

要是正如阿德勒所言，独生子女一定不能独立生活，一定会成为一无是处的人，那么对于美国总统杰拉尔德·福特和富兰克林·罗斯福这两位正宗的独生子，他又该做何解释呢？罗斯福可是唯一一位连任四届的总统。此外还有首席记者特德·可佩尔、超级魔术师大卫·科波菲尔、足球巨星罗杰·斯托巴克以及美国国家橄榄球联盟里的传奇四分卫乔·蒙塔纳。这些人不都是家里的独生子吗？难道他们的成就还不够耀眼吗？

其他对世界做出巨大贡献的独生子女还有达·芬奇、温莎公爵夫人、查尔斯·林白、英迪拉·甘地夫人以及牛顿。

放眼商界，我们首先会想到的是美国电报电话公司的首席执行官罗伯特·艾伦，历史上一些最大企业收购案的幕后推手卡尔·伊卡恩以及亿万石油大亨布恩·皮肯斯。

美国第44任总统奥巴马虽说上头还有个姐姐，但是，直到他9岁的时候，他姐姐才与他生活在一起，那时候，奥巴马独生子的性格已经成形，因而他也算是独生子。

独生子女的特征

七岁便像小大人，心思缜密，有上进心，忧心忡忡，行事谨慎，书本发烧友，黑白分明，说话极端，受不了失败，自我期望高，不善于和同龄人相处。

布恩·皮肯斯：出生次序理论言之有理

在一次电视访谈节目中，我第一次遇到了布恩·皮肯斯，当时我们都是去宣传自己的书。在休息室等候上台的时候，他看见了我手里的《出生次序之书》。

"什么是出生次序？"布恩颇有兴趣。

打他一进休息室，我就开始观察他了，早已心痒痒地想要猜猜他的出生次序，于是我问道："我看，你可能是家里的独子，对吧？"

布恩一脸诧异地看着我："是啊！你怎么知道的？我们以前见过面吗？"

"我是一名心理医生，我的工作就是研究人的出生次序对性格特征的影响。"

于是，我就向他介绍了我的出生次序理论，布恩听了我的介绍十分钟后，就开始向我分享一些出生次序理论在实际中的例子，令我大开眼界。

作为典型的独生子，布恩总能捕捉到最重要的信息。此次与布恩同行的还有其他几个人，那天发生了一件意想不到的事情。先录的是布恩节目，在现场录完6分钟后，他的同伴们都站了起来要离场，但是布恩突然说道："大家都坐下，莱曼博士就要上台了，我们来认识一下出生次序吧。"

我那部分节目录完后，布恩说的一番话让我铭记于心，他说："出生次序规律确实说得在理。大企业尤其应当关注一下员工的出生次序，至少我会放在心上，尤其是在公司内部分配工作的时候。"

不用说，我与布恩·皮肯斯的偶遇可把我高兴坏了。短短几分钟，他就抓住了多年来我一直都在传达给人们的东西：你最先应该了解的人就是你自己。布恩·皮肯斯没能和阿尔弗雷德·阿德勒见上一面，顺便探讨一下独生子女注定一无是处的人生，实在是太可惜了。

总之，单凭道听途说就断定一类人的好坏，这绝不是什么明智之举。不可置否，有些独生子女确实是被宠坏了，他们自私、懒惰、冷漠，总想着倚靠别人。但是，这可不只局限于独生子女，我认识的一些老二、老三还有老小中也有这样的人。

一些令我崇拜的独生子女

虽然我是家里的老小，世界上最令我佩服的人里面有几个却是独生子女。特德·科佩尔就是其中一个，他是《夜线》的当家主持人，主持风格简洁明了，一语中的。现在他已经退出江湖了，但是，在我看来，至今没有哪个采访者能赶得上他。诚然，他看起来有点像胡迪·都迪，但是在我看来他比胡迪·都迪要更胜一筹。

我也十分崇拜幽默作家兼作曲家史蒂夫·艾伦，他是《今夜秀》最早的主持人，创作出了很多优秀曲目。我有幸与他参加过几次签名会，那是我人生中最美好的时光之一。他可是相当的幽默风趣，和他交谈甚是愉悦。

美国发展心理学家詹姆斯·多布森博士也是我认识并崇拜多年的一个人。你要是听他的节目，你永远别想挑出任何毛病。作为一个独生子，他坚决不会让自己犯错。

我当然不会忘了提《早安，美国》的前任嘉宾主持查尔斯·吉布森，要知道，我经常以"家庭心理医生"的角色上他的节目。吉布森经常在"查尔斯"和"查理"两个角色中游荡，有时一本正经，有时却异常活跃，这就很容易理解为什么他总是那么犹豫不决了。从家里的出生次序来看，他是家里的老小，自然就会形成为人随和、讨喜的"查理"。但是，他上头的哥哥姐姐都比他大10岁以上，因此一直以来他都跟独生子差不多，因而也会变成自信满满、从容不迫的"查尔斯"。

造成差异的原因究竟是什么？

我还可以继续列举独生子女中的名人，但是有一些问题我需要停下来说一说：（1）过去对于独生子女的偏见都从何而来？（2）独生子女的缺点或者黑暗面是什么?

要充分了解独生子女,关键在于搞清楚他们家为什么就要了一个孩子。在我看来,有两个重要原因,它们在很大程度上决定了独生子女的命运。

父母的掌上明珠

你可能是父母的掌上明珠,意思就是说,你的父母本来想要更多的孩子,但是出于某种原因就要了你一个,所以他们就把所有的精力都放到了你的身上,并伴随着某种程度上的溺爱。这样一来,小时候你就在父母的庇护下成长,根本接触不到现实,因而独生子女妄自尊大的毛病在你身上尽显无遗。成年之后,以自我为中心的毛病已经根深蒂固,你很难摆脱它,因为要打破这种在父母身边形成的模式实在是太难了。这些掌上明珠出生时,父母的年纪都不小了,通常都是30岁以上了,所以对于这么一个宝贝疙瘩,他们当然要把万千宠爱都给他(她)。

但是,这些掌上明珠也不要太过敌视这个"以自我为中心"的标签。要知道,从小就没有兄弟姐妹跟他们分享东西,所以就算他们把自己看得过于重要也是很自然的。我的建议是,成年的独生子女们需要避免两个误区:一是认为自己真的比别人重要;二是认为事情一定要按照自己的方式做,不然就会觉得不公平。

父母的计划

家里之所以只有你一个孩子的另一个原因就是,父母本来就没有打算多要。20世纪60年代后期,我刚开始从事心理咨询工作。那时候,计划内的独生子女往往就是父母们的牺牲品。那些安排周密、纪律严谨的父母们就像对待小大人一样对待独生子女,总是要求他们像大人一样成熟可靠,有责任心。这类孩子表面上看来往往沉着冷静，很有自信心，但是暗地里却充斥着反叛的花火，他们可能一直以来都在怨恨自己一副"小大人"的腔调，成年之后便会蠢蠢欲动，希望（或是已经）以某种方式来放纵自己。

然而，今夕不同往日。家庭变得越来越小，许多家长都选择只要一个孩子。2009年美国人口普查局的数据显示，平均每个家庭中未成年孩子的数量只有1个。这些独生子女日子可要好过多了，压力并不像以前那么大。相比于以前的独生子女，这些孩子能接受更好、更加合理的教养方式，他们举止得体、个性积极又自尊自信，与他人能愉快相处，往往都是招人喜欢的人。

一位在得克萨斯奥斯汀分校任教的社会心理学家曾说："人们认为独生子女自私又孤独，这种看法实在是言过其实了。"客观的评价应该是，独生子女积极主动，自信但不自负，而且很多时候，独生子女可是一点都不觉得自己孤独呢。

独生子女的完美主义

不论是掌上明珠还是计划内的独生子女，他们长大后都极有可能成为极度完美主义者。他们希望凡事都按照自己的想法进行，稍有偏颇就会坐立不安，甚至是愤愤不平。对待那些不能达到他们标准的人，他们就会非常不耐烦，甚至无法容忍。独生子女总是暗地里（有时甚至是明目张胆）希望事情都按照他们的步子来做，并完美收场。

来找我咨询的人中，有相当一部分人是"沮丧型的完美主义者"，这类人都认为自己应该是完美的（详见第5章），他们做事有条有理，对自身及他人的要求很高。独生子女当中这个问题最为严重，其次就是老大。

沮丧型的完美主义者的种类是千差万别的，我见过最多的一种就是"总想拯救别人的女人"。她们总是为别人的问题忧心忡忡，恨不得插手把所有问题都解决了。我称之为"护士心态"。护士往往都是独生子女，或者至少是家里的老大，这绝非巧合。

沮丧型的完美主义者需要分清"理想自我"与"真实自我"的界限。"理想自我"指的是自己希望呈现给别人的样子，而"真实自我"则是自己实际的样子。以下是41岁的凯瑟琳眼中的"理想自我"与"真实自我"，她向我们充分展示了沮丧型完美主义者的自白。

　　凯瑟琳的描述已经是非常详尽了，可她竟然说她还能继续下去！对于我这样一个没有什么完美概念的老小来说，她列的这些不仅是详尽啊，简直是精疲力竭得令人抓狂。但是，这也证实了我的猜测，凯瑟琳就是一个不折不

理想中的凯瑟琳	真实的凯瑟琳
有条不紊、效率高	杂乱无章、效率低
愉悦开朗	消极低沉
鼓舞人心，能给身边的人开个好头	吹毛求疵，总是打击人
有时间观念，凡事量力而行	在不合适的时间做不合适的事，无法完成任务
把家收抬得利利索索	总是拖拖拉拉
能快速高效地处理好家里的事	不能让家人齐心协力，凡事都自己一个人应对
精力充沛，热情满满	总是提不起兴致，强迫自己做事
有女人味，有吸引力	倦怠、呆头呆脑的
对爱的期望切合实际	有不切实际的浪漫情怀，希望能像结婚前那样浪漫
人美心善	内心充满愤懑
不在意他人的想法，自信满满	总是在意别人的想法
朝着目标一步步前进	拖拖拉拉，不到最后一刻绝对完不成
完成所有工作	有许多未完成的工作
衣柜里整整齐齐	衣柜里乱糟糟，没有分类
说话简洁中肯	啰啰唆唆没有重点
自我肯定	需要他人的认可
有自我安全感	希望被他人需要

扣的沮丧型完美主义者，她完全知道自己应该是个什么样的人，但是现实中却不如她意。

在她的丈夫鲁斯眼里，凯瑟琳郁郁寡欢，充满负罪感，敏感，忧心忡忡，压力过大，总是忙这忙那，希望一切事情都完美收场，但是最后总是达不到她的期望，令她挫败感连连。

在分析完凯瑟琳的"理想自我"与"真实自我"的练习报告后，我给了她一个建议，下次再有什么沮丧的想法时，就脱下高跟鞋对着自己的脑袋砸几下。"我敢肯定你一定听说过《如何做自己最好的朋友》这本畅销书。"我责备她说，"凯瑟琳，你就写本《如何做自己最大的敌人》吧！你肯定手到擒来！"

但是，凯瑟琳实在是中毒太深，这个沮丧型的完美主义者根本就没有理解我的玩笑话。我接着解释说，她最大的敌人就是她自己，竟然放任那么多个"恶魔"在她的脑海里控制她的想法。她首先需要明白的就是，通过比较"理想自我"与"真实自我"，可以让她找到沮丧型完美主义者的症结所在。理想主义是凯瑟琳的敌人之一，老是蛊惑她去设定不切实际的目标。当她不能达到这些目标时，她就会感到挫败连连，对现实中的"真实自我"就愈发沮丧。她当然没有她描述的"真实的凯瑟琳"那么糟糕，但是困在完美主义牢笼里的她眼里只有"理想的凯瑟琳"，于是乎，对于真实的自己，她就真觉得自己有那么糟了。

理想的你VS真实的你

1．在纸的左半边列出你希望别人看到的样子，即"理想的自己"。

2．在纸的右半边列出你真实展现在别人面前的样子，即"真实的自己"。

3．就自己所列的内容进行评估，"真实的自己"和"理想的自己"之间的差异在哪？

4．你觉得自己是沮丧型完美主义者吗？为什么？

原来背后有个爱挑刺的老爸

困住凯瑟琳的牢笼多半和她受到的家庭教育方式有关。她是家里的独生女，家里人对她的期望自然很高，她那个严苛冷漠的父亲从不赞赏她不说，还总是挑她的毛病，这样一来，日子肯定不好过。凯瑟琳总是觉得不管她怎么努力都得不到父亲的认可。

比如说，13岁的时候，凯瑟琳一人单枪匹马在家后面建了一圈砖墙，刚好形成了一个露台。这对大人来说都不是一件容易的事，更别说一个13岁的小女孩了。但是她成功地完成了，而且比预想中好太多了，真是出人意料。大家对她的工程频频称道，除了她的父亲。他父亲出差回来看到这圈砖墙后大发雷霆，在他眼里，凯瑟琳所做的一切都是错误的，他看不到她的任何优点。

活在父亲的阴影下已经够凯瑟琳受的了，但更糟的是，凯瑟琳嫁给鲁斯后，她在完美主义的泥淖里越陷越深，令她痛苦万分。鲁斯聪敏有为，工作出色，很是成功。但是，他也是家里的老大，缺乏安全感，总觉得自己做得不够好。鲁斯是个非常有趣的矛盾体，既喜欢吹毛求疵，又不想引发冲突，这样一来，即使他对凯瑟琳有种种不满，但是他都放在心里，从不挑明了说。夫妻间几乎没有多少交流。

因此，我们可以看到，鲁斯给不了凯瑟琳真正需要的东西：一个可以分享思想和感情的亲密丈夫。凯瑟琳对丈夫的期望很高，而鲁斯却不能遂她所愿。但是她不但不去怪罪鲁斯，反而回过头来寻找自身的过错，并把责任都推到自己头上。在她眼里，丈夫没有达到她的期望并不是他的错，而是自己做得不好，要是她能变得更好一点，丈夫也不会这样！

为了更好地帮助这个家庭，我们把鲁斯也请进了办公室，以帮助他学习如何表达自己的情感。他第一次是单独与我见面的，随后便是同凯瑟琳一道来的。在咨询的过程中，鲁斯逐渐意识到自己的情感其实很丰富，只是不知道如何表达出来而已。他一直以来暗地里对凯瑟琳"意见重重"，虽然没说破，但是凯瑟琳也感觉得到，于是她就会更加怪罪自己，进而在沮丧型完美主义的泥淖陷得更深。但是，只要他们彼此都敞开心扉表达自己的想法，很多事情就会迎刃而解。

他们都明白了一点，鲁斯喜欢控制一切，而凯瑟琳则喜欢取悦别人。鲁斯之所以不愿表达情感，可能是害怕自己说出实话后遭到妻子的拒绝。害怕拒绝所以干脆不说，这是一些控制者的普遍心理。

另一方面，取悦者凯瑟琳是绝对不会拒绝任何人的，她总是尽量满足大家的一切要求，所有人都排在第一位。值得高兴的是，在我的帮助下，凯瑟琳和鲁斯终于明白了两人的症结所在，只要两人多交流沟通，生活依然可以有滋有味。

由于凯瑟琳的取悦情结比较严重，因此治疗过程中的重要一环就是教她学会说"不"。她骨子里不会拒绝别人，总是答应别人的种种请求，有些承诺甚至大大超出她所能承受的范围。我不得不让她签下保证书，强迫她好好地将自己的生活"瘦"一下身，删减一下自己身上的事情。但是想让她做到这点实在是太难了。要知道，她在教会中非常活跃，教会活动一次不落，此外她还打算让两个孩子在家读书，每周还有24小时的兼职工作要做！

当然，没有人能一下子扛这么多的事，将所有事情都做得尽善尽美。凯瑟琳忙这忙那，连给自己喘息的机会都没有，哪会有时间去搭理鲁斯。这就是她的风格，是她自己慢慢将自己逼到了崩溃的边缘。这时候她就来找我了。

有一次，凯瑟琳问我："我该如何将这些事情做好呢？"

"我建议你放弃一些事情，不然你会把自己搞垮的。"

凯瑟琳需要做一些抉择，这对她来说很不容易，但这也是为了她好。后来，凯瑟琳按照我的建议去做后，她的生活果然改变了不少，最显著的变化是，面对那些总是拿着"我知道你很忙，但是除了你，我实在找不出有谁可以帮我"的借口来找她帮忙的人，她学会了拒绝。

凯瑟琳得亏来找我了，不然她可真就像阿尔弗雷德·阿德勒说的那样，是个缺乏独立、一无是处的独生女了。然而，讽刺的是，虽然阿尔弗雷德·阿德勒对独生子女的看法如此消极，而凯瑟琳的例子也同时应验了他的另一个论断：你在家里排老几并不重要，你的出生次序仅仅只意味着你在成长过程中所处的某种大环境，等你长大成年了，你会认识到自己的性格特点，并通过实际行动来扬长避短。

经过努力，凯瑟琳成功地摆脱了沮丧型完美主义的束缚，变成了一个不断追求进步的人，日子也比以前过得更自在了。凯瑟琳的成功很好地印证了：只要努力，希望总是有的，即便是一个被严厉挑剔的父亲逼成沮丧型完美主义的独生女，只要她做出改变的决心，最后总会改变。在我眼里，凯瑟琳是我职业生涯中的一大胜利。

埃德温是怎样摆脱烦恼的

再给大家讲讲超级完美主义者埃德温成功转变的故事，不得不说，这其中也还有几分我的功劳呢，这个埃德温就是我在第6章提到的那个超级完美主义的独生子。

埃德温读了第一版《出生次序之书》后，就给我写了信，感谢我让他明白了自己是一个完美主义独生子女。我在回信中问他是否可以给我说说出生次序理论在工作中的一些实例，但是好几个月都没有收到他的回信，我猜他大概是忙忘了，于是我又给他留言说了我的想法。

两周后，埃德温终于回信了，他解释说最近有一大堆的工作压在他身上，把他这个副总裁忙得够呛。他还说，他把我的第一封信妥贴地放在文件夹里保存了起来，第二封信就放在沙发边上用来提醒他回信。现在所有紧急的事情都已经忙完了，他的管家再也不用费尽心思将不同颜色的衣服挂在不同颜色的衣架上了。要知道，埃德温把所有的衣架都换成了蓝色，不论什么衣服都用蓝色衣架来挂，彻底断了那个"衣服衣架必须色调一致"的念想。等一切都忙完后，他终于可以静下心来给我回信了，并向我保证将尽快再给我回信来回答我的问题。

坦白说，我可没指望埃德温能尽快给我回信。很明显，埃德温一忙起来就没完没了的，还总是揽下许多他无法完成的事情。作为完美主义者，他看起来很享受这些压力，直到最后这些压力将他的精力压榨殆尽。不过，看得出埃德温也正在一点一点地进步。虽然他把衣架都换成了蓝色，这一举动真是滑稽又古怪，但是我们不难看出，这正是埃德温挑战自己"处女座强迫症"的第一步。

后来，果然如我所料，我等了好几个月才等来了埃德温所谓的"尽快回信"，看来埃德温还是没有改掉完美主义者拖沓的毛病啊。好在他最终还是回答了我的问题，其中有个问题是："作为副总裁，你是如何看待完美主义给你的工作带来的好处和坏处的？"

他的回答很有见解：

完美主义能督促你不断将工作做好，因为工作质量越好，你的声誉也就越好。想想看，当老板有一个特别重要的任务，他会指派给谁呢？当然是谁能将任务完成得最好就交给谁做……

我刚开始工作的时候，上级给我布置了很多工作，按照平常的8小时制上班时间，我根本完不成，因此我私底下加了很多班，为此我还被同事批评了。老实说，我可没指望这么做来获得升职加薪（这只是后话了），我只是想在自己的能力范围内把工作做到最好而已。

当然，完美主义也确有坏处，因为你会对同事有所要求，希望他们能像自己一样凡事都尽善尽美。这样一来，同事们难免怨声载道。曾经有一段时间，我一看到有人没有全力以赴去做事情，我就会非常失望和沮丧。但是现在我也意识到了，每个人的想法不一样，不能强迫别人和你的想法一致。

我还问到，他那凌乱的办公桌（和沙发）是否有所改善，埃德温说：

在读《出生次序之书》之前，我认为自己的办公桌之所以这么乱，完全是因为我根本就没有时间整理它。白天我得不停地处理不同的项目，文件一份接一份，工作不间断，哪有空来收拾。

但是现在看来，这不过是障眼法罢了，是为了掩盖我是个完美主义者的事实，这样别人就不会说我什么了。你也知道，独生子女可不希望受到任何批评，哪怕被人说成是完美主义者也不行！就算我的桌子再乱，我也不会以此来批评自己的。读了《出生次序之书》后，我的办公桌确实改善了不少。

埃德温一直都在同完美主义做斗争，他的进步可不仅仅体现在收拾"凌乱的办公桌"上。他在做完美主义测验的时候，得了30多分，差一点就是极度完美主义者。但是，在做"追求完美"还是"追求进步"的测验中，他表示自己十分清楚两者的差异，而他认为自己是属于"追求进步"的那一类人。他告诉我：

我追求不断进步，而不是完美主义。这两者是有区别的。完美主义者是容不得半点瑕疵的，而我追求的是朝着进步的方向不断努力，有没有瑕疵并不是我所在意的。

打个比方说，我们正在策划一起收购方案，时间非常紧迫。我为收购团队做的"简报"虽然可以做到详尽而彻底，涵盖所有的调查和实际情况，但是我可做不到尽善尽美。"简报"里面可能会有我画的图表，虽然是在电脑上生成的，但我可不保证它能有多好看（我可不是什么艺术家）。我提供的信息绝对可靠、全面、有时效性，但是在一些细节上可能会不够严谨。总之，这份报告会很优秀，但绝对称不上完美。

从埃德温最后的那一句话可以看出，他已经摆脱了完美主义的困扰。他能允许自己做一份不完美的报告，中间虽然有一两处错别字和不太美观的图表，但是那仍然是一份出彩的报告，该有的内容一个都不落下。埃德温终于看开了，他的目标是尽其所能把工作做到最好，而不是一味追求不可能的完美主义。

要是我经营的公司再大一点，碰到埃德温这样有能力的人才，我一定会毫不犹豫地聘请他。要知道埃德温现在一直在努力与完美主义做斗争，对完美与不完美深有体会，因此会变得更加善解人意，能与不完美的同事相处得更加和睦，在工作方面他也总是尽自己最大的努力，哪个公司要是能有像埃德温这样的人做副总裁，甚至是首席执行官，那可是相当幸运的。

但是，我可告诉你，埃德温可没你想象的那样善解人意，你要是不怕挨揍，你就叫他埃迪试试。有意思的是，那些叫詹妮弗、罗伯特、苏珊娜的老大们或是独生子女们可不希望听到别人叫他们詹妮、波比、苏西什么的了，你要这么叫他们，那你就等着遭殃吧。

最后的建议

总之，我想给所有的完美主义者，尤其是独生子女的一条建议是：降低你对生活的期望。别人对生活的期望没有你那么高，他们不是照样活得有滋有味吗？你的期望虽然定得那么高，但是永远都达不到又有什么意思呢，只会让自己痛苦罢了。当你降低对生活的期望，不断追求进步而不是完美的时候，你的生活也将变得更加愉悦充实。

// 独生子女的优缺点 //

你是不断追求完美的独生子女吗？你在哪些方面正在苦苦挣扎？在哪些方面你又取得了成功？在结束本章内容之前，我们来看看下面关于"独生子女的优缺点"。

1．每个特征都要花上几分钟好好思考一下。对你而言，它是优点还是缺点？

2．要是该特征在你看来是缺点，你又该做出怎样的改变，使得它往好的方向发展呢？

3．要是该特征在你看来是优点，你又该如何加强这一优势，使它继续保持下去呢？

// 直面你自己 //

1．我是否正学着不再将所有事都往自己身上揽？我是否慢慢放低了对自己的期望？最近我有这么做过吗？

2．我是否在日程表上预留了给自己的时间？怎么判断这一点？

3．我是否在与其他年龄层的人交朋友，而不是仅局限于同龄人？（列出朋友的年龄，谁给你的印象最深？谁会和你争论不休？）

4．我是不是很自私，总是以自我为中心？怎么样做才能把他人放到第一位，才能更好帮助别人，不那么吹毛求疵？

5．我是否真的明白或真的相信"人无完人"这个概念？

6．我是否真的明白或真的确信自己的标准过高，需要合理一些，不那么极端?

7. 我是否真的明白自己不能独揽所有事情?最近有没有什么事是依赖别人完成的?

8. 我最近的自我对话是不是都比较积极?

独生子女的优缺点

典型特点	优点	缺点
自信满满	相信自己的看法,能果断做出决定	以自我为中心;对新事物犹犹豫豫,不敢尝试
完美主义	凡事追求完美,容不得半点差池	吹毛求疵;永不知足;由于担心"工作做得不好"而拖拖拉拉
有条不紊	喜欢掌控全局;准时;按部就班	对于秩序、过程和规则太过在意,该变通时不变通;对没有条理的人没有耐心或者不够细心;不喜欢出乎意料的事情
干劲十足	雄心勃勃;进取心强;精力充沛;愿意为成功做出牺牲	给自己和同事太多压力
井井有条	制定目标并付出行动;总希望每天比别人多做点;每天都得做计划	可能会陷入困境,每天都忙于完成清单上的事情
逻辑性强	思考直率;不会失控或草率行事	总认为自己是对的,不在乎别人的想法
勤奋好学	喜欢阅读;爱收集信息;能全面思考问题;善于解决问题	花太多时间搜集材料,而耽误了其他事情;该幽默时却太过严肃

08

中间孩子："我总是被忽略"

/////////////////////////////////

关于老大和独生子女，我们已经说得够多的了，对于他们的致命缺点"完美主义"想必你也已经有了一定的认识。但是，如果你不是家里的老大，而是容易被人忽视的"中间孩子"，就算我到现在才提起你，你也不会太难过。你甚至还会说："我早知道会这样。这种事我已经习惯了。从小到大我不都是最后被大家想起来的人吗！"

中间孩子往往会被排挤、忽视甚至是羞辱，这都是惯常有的事。《出生次序之书》第一版出版后，我收到了几封中间孩子寄来的抗议信，有一封是这样写的：

亲爱的莱曼博士：

我算了一下《出生次序之书》的页数，我发现花在中间孩子身上的笔墨要比其他出生次序的人少多了！这是为什么？

受到忽略的中间孩子

在我看来，中间孩子无非就是想找一些乐子，于是我就以颇具挖苦的语气回信了：

亲爱的中间孩子：

那又怎么样呢？这有什么大不了的？再说，你又不是头一回遇到这种事！

好好生活！好好欣赏一下家里的相册！

莱曼博士

中间孩子有点让人捉摸不透

玩笑归玩笑，其实我也觉得这本书给中间孩子的篇幅确实太少了。造成这一疏忽的一点原因是，我们这些心理学家对中间孩子也知之甚少。事实上，中间孩子都比较神秘，让人捉摸不定。

在过去这些年中，来找我咨询的中间孩子比老大和老小少多了，但是这些年来我也积累了不少经验，对他们的特征有所了解。所谓的中间孩子，顾名思义就是上有老大，下有老小，夹在一头一尾之间的孩子。夹在中间的孩子总是觉得自己不是生得太迟，就是生得太早，他们一方面没法像老大那样一生下来就能享受到特殊权利和特殊待遇，一方面又不能像老小那样享受父母的宠爱。

说中间孩子神秘莫测可不是我一家之言，许多文章和书籍都提到了他们的这一特点，其中最有代表性的就是布拉德福德·威尔逊及乔治·艾丁顿共同撰写的《老大，老二》一书，他们认为，在所有出生次序的孩子中，"中间孩子"的身份难以捉摸，更别说想要对他们的特征进行界定了。

产生这些谜团的一点原因就是"中间"这个词，要知道，"中间"这个词所涵盖的范围是相当广泛的。标准的中间孩子可以是三个孩子中的老二，四个孩子中的老三，五个孩子中的老四，总之可能性太多了。有些作者对中间孩子做了详尽的划分，但是我在咨询中发现，中间孩子和老二有很大的相似之处，他们通常指的就是同一个人，因为很多家庭都只是要了三个孩子。所以在本章中，我把老二和中间孩子归在一起，统称为"中间孩子"。在第14章中，我将专门谈谈二孩家庭中的老二。

分歧效应

谈到中间孩子，我们最不能忽视的就是家庭中时刻运转的"分歧效应"。按照这一说法，对老二影响最大的是老大，对老三影响最大的是老二，以此类推。这里所说的"受影响"是指每个孩子都喜欢"向上看齐"，他们往往以最小的哥哥姐姐为榜样，一举一动都以这些哥哥姐姐为参照标准。

也就是说，老二会把老大当作自己的榜样，老大怎么做，老二就跟着做，然后就形成了自己的一套处事风格。由于哥哥姐姐往往更强、更聪明，个头也更高大，老二们效仿不了的时候就会往其他方向发展。但是，如果他们觉得自己能赶得上老大，那他们就会一直效仿下去，与老大较劲。要是老二成功赶超了老大，这时候角色互换就发生了，这点在前面的出生次序变量中我们也提到过。

不管是出于本能还是蓄谋已久，老二都极有可能会取代老大的位置，接替老大的权利和职责。这种事在理查德·尼克松身上就发生过，他是家里五个男孩中的老二，由于上头那个比他大四岁的哥哥从小就体弱多病，长子的责任与重担就顺理成章地落在了老二理查德的肩上。但是从另一方面来看，尼克松身上还是保留了一些"中间孩子"的特征，在日后的生活中这些特征令他受益匪浅。

不管老二是何时出生的，他（她）的生活方式都取决于他对哥哥姐姐的认识。老二极有可能是一个取悦者或反抗者，也可能会成为受害者或牺牲品，还有可能变成操纵者或控制者。他们可以变成任何样子，但不管变成什么样都与老大脱不了干系。在所有对出生次序规律的研究中，大家都认为，老二和老大的个性特征往往是相反的。

中间孩子是个矛盾体

由于后一个孩子都是直接受到前一个孩子的影响，可能性多变，因此也就没有什么特别行之有效的方法来判断他们到底会朝哪个方向发展。我见过许多描述中间孩子特征的图表，发现中间孩子简直就是一个矛盾体。下面就是其中一个例子，对中间孩子的描述共分为两栏，矛盾显而易见。

中间孩子：不统一的矛盾体

不合群；安静；害羞	善于交际；友善；性格开朗
没有耐心；容易挫败	处事不惊；悠闲自在
争强好胜	随和；与世无争
叛逆；家里的导火线	调解人；调停者
好斗；惹是生非	不喜冲突

中间孩子的特征

善于调解，易妥协，善于交际，不喜冲突，独立，忠于同龄人，交友广泛，特立独行，神秘，习惯被忽略。

由此可见，中间孩子就是个"未知数"，他们最终会变成什么样是受多方面的压力影响而形成的。要想充分了解中间孩子，我们必须从整个家庭情况入手，由此我们才能寻得一丝蛛丝马迹。但是，中间孩子的许多方面还是令人捉摸不透的。

被忽视的中间孩子

对于神秘的中间孩子来说，有一点是确定无误的：他们总是遭到哥哥姐姐或弟弟妹妹的排挤。想必你已经注意到，这章的标题就是取自喜剧演员罗德尼·丹杰菲尔德的名句："我总是被忽略！"许多中间孩子对此一定感同身受。

许多中间孩子向我诉苦说，在他们的成长过程中，他们从来没觉得自己是特别的存在。"哥哥夺走所有的荣耀，妹妹又是家里的焦点，我就是家里可有

10

在工作中获得优势

/////////////////////////

我的父亲只读到初二便辍学了，但他还是成功地养活了一大家子，并开拓了自己的干洗事业。说来也不怕你们笑话，我是随着自己年龄的增长，才越发领悟到父亲的智慧的。可是，我明白得还是有些晚，直到30岁以后我才明白了他那精明的销售手段。

在我从事咨询事业的早些年，我的父亲总是会时不时地问我："凯文，今天有多少消费者来光顾呀？"

"爸爸！"我总是纠正道，"他们不是消费者，他们是我的客户！"

"那他们付你钱吗？"

"那是当然。"

"那他们就是消费者。"

当然，他是正确的。父亲对人类本性的见地总是一针见血。我们父子俩之间的小对话最终使我明白，我的客户其实就是我的消费者。打那以后，我渐渐体会到，我在心理学课堂上学的东西，尤其是关于出生次序方面的知识，可以造福许多人，能帮助他们减轻甚至是摆脱烦恼。

作为一名咨询师，我的本职任务就是向人们出售帮助——帮助他们解决问题，摆脱烦恼，减少焦虑。但是，随着找我咨询的客户越来越多，我越发意识到，想要真正从根本上帮助他们，我必须得真正了解他们，尤其得要了解他们对待生活的态度。

好在我的职业是咨询，我的职业总是会不断地逼迫自己去进一步了解我的客户，因为只有这样我才能更好地去帮助他们。事实上，我不久便发觉，每当有客户来找我的时候，我只能马上开始我的工作，我可不会去考虑该如何出售自己的"咨询"业务。我的真正工作就是向找我咨询的客户兜售我的想法和意见，以便帮助他们改变生活。

因此，虽然我是一名心理学家，但我在买卖上的活动也是极其频繁的。正因为这样，我才能自信地做出这样的论断：只要你足够了解你的顾客，等待你的将是康庄大道，你的产品何愁没有销路。

我相信，只要你懂一些基本的出生次序理论，那么你在商界（尤其是销售界）将受益匪浅。但是，基本的出生次序理论真的有助于提升销售人员的业绩吗？我们来听听美国顶级CEO及商业畅销书作者哈维·麦凯是怎么说的——只要你认真去分析一下，你不难发现，销售业绩排行榜顶端的销售人员往往是最了解人类本性的人。

显然，出生次序理论将帮助你更有效地去了解顾客。我可不是说出生次序理论能一直奏效，一直能保证你拿下单子。世上没有什么方法是万能的。我在做咨询的时候，可不会一直为了"做成生意"而一个劲蛊惑客户去做出改变。相反，我会不断去了解他们，透过"他们的眼睛"去感受他们眼里的世界。只有这样，我才能感同身受，更加中肯地出售我的想法，从而改变他们的行为与生活。

我们每个人都是生活中的销售人员，透过他人的眼睛，我们将受益匪浅。

想要进一步了解别人，其中的一个切入点就是要了解他们的出生次序。当我的客户第一次来找我的时候，除了问些常规的"心理"问题，我还会拐弯抹角地问他的出生次序，以便让我更好地了解他的性格。然而通常情况下，客户可不吃这一套，坦白讲，直接就问客户的出生次序可不是什么明智的选择。比如说，千万别直接就问："你穿得这么讲究，你是不是家里的老大，或者至少是家里第一个出生的男孩（女孩）吧？"诸如此类的问题可是有失水准的，它会让人觉得你只是个做心理学研究报告的一年级新生。

更好的做法则是与客户聊天，问些随意轻松的问题，比如说："你是在哪里长大的？你的家在哪里？"当客户谈论出生地时，他其实已经在谈他的家庭了。这样一来，你就可以顺其自然地问他家里人是做什么的。他们是农场主吗？有家族事业吗？家里有没有兄弟姐妹？是个大家庭还是小家庭？

客户可能就会回答道："我还有几个姐妹和一个年幼的弟弟。"

你可以接下去说道："我敢打赌你那个小弟弟肯定无法无天。"

客户极有可能会回答："没错，他就是那样的。"

"所以什么事都得你做喽？"你说，"告诉我，家里谁是最大的。"

通过这样自然随意的谈话，你就可以先和你的客户建立起一定的联系，然后在不知不觉中，你迟早就会知道他们的出生次序。不管客户的出生次序是什么，在咨询的过程中你都要做好笔记。

还有一种方法则是以你自己的家庭为出发点，将客户引入到平常自然的交流中。比如说："上周末我哥哥突然来找我，说是他们一家度假来了。你有没有兄弟姐妹？有没有碰到这样的情况？"

在你去了解一个人的出生次序的过程中，你也会收获其他方面的讯息，比如说兴趣爱好、最喜欢的运动、最喜欢的球队、最爱去的餐厅，等等。总之，你将了解的内容充满无限可能。

客户的个人信息了解得越多越好，任何蛛丝马迹都将有助于你去发掘他的"逻辑"。每个人都有自己"逻辑"，这个"逻辑"就是我们看待生活、看待他人，以及看待自己的态度。它是我们生活风格的一部分。

我们看待事物的逻辑或多或少就是我们生活经历的产物。每个人对生活都自有一套看法。你要是不相信，你可以打电话给你的兄弟姐妹或是比较亲密的朋友，就曾经一起经历过的难忘岁月问问他们的看法，你只要简单地问一句："你还记得那次……？"三言两语描述完那段经历后，你就安静地坐着，我敢打赌，你听到的回答肯定和你想的不一样。

你一定要时刻注意客户的"逻辑"，这样一来，你便能通过客户的眼睛去了解他们的偏见、喜好以及渴望。

在做咨询的时候，务必不断地记录客户的性格特征。这样一来，你在手机上记录的一点一滴迟早会帮助你回想起客户的所思、所想、所爱以及他们想要开展事业的方式。那些信息可是一座金矿。当然，要想让金矿更好地体现价值，得看你怎么挖了，也就是说，得看你如何将这些信息运用到实际买卖环境中去，让信息为你服务。

过去几年里，我在给老大、中间孩子以及老小们做咨询的时候，都会运用到一些"秘方"。不论我是在做演讲还是在做咨询，倘若客户有意选择改变，我都会向他们灌输以下这些简单又平常的概念，从而帮助他们做出真正的改变。

如何向老大出售产品

给老大们（或独生子女）出售产品的过程就像是在清理一座矿田。你必须小心谨慎，务必要快进快出，不得拖泥带水。

你要记住，在与老大们过招的时候，你的对手可不是好攻克的主儿，他们才不会被花里胡哨的宣传单子所蛊惑，也不会被你的唾沫星子所淹没。老大们直截了当就想知道：你的产品或服务是什么？多少钱？

所以，与老大们交手可要抱着如履薄冰的心态，一定要万分小心，不然就会吃个闭门羹，或是踩到雷区。

的？我要了！"然后，等付了59%的预付款后，你就开始纳闷自己怎么会买这辆破车了。

开门见山

好吧，你在和亨尼斯先生的约会中早到了几分钟。时间一到，你就跨进了他的办公室。要想引起他的注意，你可得做好准备。你要明白，亨尼斯先生可是一个非常直接、非常有底线的人，他可容不得半点废话。所以，你要是拐弯抹角说不到重点，那你可就要被扫地出门了。

所以，你必须做好销售计划，有条不紊地按计划行事。千万不要支支吾吾，也不要欲盖弥彰，直接说出你的价格，谈话时间最好控制在五分钟以内，三分钟以内更好。

不要问老大为什么

你在做产品介绍的时候，亨尼斯先生可能会不断地问"为什么？""什么？""时间？""地点？""多少钱？"等问题。

这时，你最好做好准备——解答，但是，千万要记住，不论你怎么回答，一定不要问他"为什么"。说到这，你可能云里雾里的，为什么不能问"为什么"呢？你要知道，"为什么？"这一问题可是颇具对抗意味的，会让人觉得被冒犯了，至少是有点冒犯的意味——有时候可不止是有点而已。

尤其是对老大们而言，问"为什么"就是在向他们挑衅，就是在威胁他们掌控一切的权利。你要牢记，老大们喜欢掌控一切，他们可不喜欢什么惊喜或是令他们感到被冒犯的问题。

此外，最好不要逼迫老大去做决定。我并不是说你不能结束推销（要结束其实很容易，一瞬间就能办到），但是你得明白，老大们喜欢详尽的信息，因此你在介绍的过程中要不断地诱导他去提问题。

还有一点需要注意的是，老大们是非常自我的，他们喜欢谈论自己。当你们开始交谈的时候，你可以以他们的成功事业为切入点进行交谈。然而，千万要注意别说一些冠冕堂皇的恭维话。事实上，倘若你真的要给亨尼斯先生留下好的印象，你可以事先对他的公司做做功课。要是他的公司出现在了股票交易上，你可以找股票经纪人聊聊，以便获取这家公司的最新动向，这样也就有谈话的资本了。

如何同老大们结束交易

在做产品介绍的时候你可要注意了，千万别一个劲儿地鼓吹产品的优势，要知道老大们可不吃这一套，他们需要全方位了解产品的优缺点。千万别大张旗鼓地说你的产品是如何完美，他们不是那么好糊弄的。你的话几分真几分假，他们一清二楚。

相反，你要利用"选择性吸引"这一心理学定律。我在给小孩子做咨询的时候，就常常用这一招。在学校里，我们就学到过，如果你朝一个两岁的孩子走去，并不断地说"到这里来，到我这里来"，她通常以她那两只小短腿的最大速度朝相反的地方跑。

你要是想让两岁的孩子到你这儿来，除了嘴里不停呼唤"到我这儿来"，你还应该不断地往后退。我第一次听说这个方法的时候，一点都不相信它能奏效，但是事实证明，十之八九就是这样的。之所以会有这样的效果，是因为后退能让孩子觉得自己是掌控方，因而也就不会那么害怕了。

那么，对待2岁孩子和对待45岁的购买方或CEO又有什么关联呢？当然有很大的关联。你要知道，当你推销产品的时候，你可不是光靠嘴上说"请您与我及我的公司签约吧"就能拿下单子。相反，当你的介绍渐渐走向尾声的时候，你一定要让对方明白，他才是掌控一切的主角，他才是做最终决定的人。

有一个好办法就是欲扬先抑。比如说："我知道，你和另一家公司已经合作七八年了，他们为你提供了很好的服务。我可不敢说我们提供的服务最好，毕竟很多公司的服务都是相当好的，也不差我们这一家。但是，我不得不提我们公司新推出的服务领域。在很多领域，我们可是比竞争公司领先得多呢。我们有着坚实的基础，我们的产品（或服务）也都是可靠有效的。"

说完就此打住，剩下的就交给老大。你已经表明了你的想法，接下来就让他自己做决定了。要是一切顺利的话，他就会说一些这样的话："我要再考虑考虑。我认识的人当中有人使用的就是你们的产品（或服务），我要给他发封邮件，问问他的想法。"

或者，你也会听到礼貌性的回答："非常感谢你的介绍，有什么决定我会马上告诉你的。"

在大多数情况下，在你第一次拜访并做完介绍的时候，老大们很有可能会给你第二种回答。然而不要灰心，第一次拜访的目的就是要让你的前脚踏入房门，并为后脚的迈入打下基础。

老大们看似遥不可及，但也不是难以亲近的群体。他们崇尚效率，惜时如金，十分在意自己的日程规划。和老大们打交道的时候，千万要牢记：做事别拖泥带水，一定要利利索索地做完了事。

如何向中间孩子出售产品

恐怕没有哪个出生次序的人能像中间孩子那样更能诠释"销售是有联系的"这一概念了。中间孩子向来崇尚联系，这就是他们的本质。不知你还记不记得，中间孩子是最先离开家庭的人，他们更愿意在家以外的地方结交朋友、寻找依托，以弥补在家时那种被动又受排挤的状态。

在和中间孩子打交道时，你要记住，这一类人忠实可靠，善于团队合作。不像老大，中间孩子很喜欢回答问题，事实上，问题越多越好。这是为什么呢？答案很简单：从小在家的时候，他向来都是被忽略的人，从来就没有被问过这么多问题。

并不是所有的中间孩子都是平易近人、易于相处的，其中也不乏一些例外。有些中间孩子可是非常好胜，甚至是好斗的；虽然他们看上去孤独、安静、害羞，不太喜欢与人打交道。

以我多年的观察，在公司担任中层管理职位的中间孩子，在决定是否购买产品或服务时，很有可能会变成一个协调者和调停者。

如何与中间孩子打交道

中间孩子十分注重与人的关系，在与他们打交道时，不论是坐下谈话还是一起用午餐，你都要问清楚是否有人同行。有了第三方的加入，谈话就不至于冷场，中间孩子也能感到自在一些。但是，这第三方必须是中间孩子那一边的人。虽说中间孩子喜欢交朋友，但也不至于"越多越好"，所以千万别把你的同事也带过去，这样反而会令中间孩子感到压力。要知道，中间孩子喜欢的是自己去交朋友。

此外，在办公室以外的地方（比如说在午餐桌上）与中间孩子交流沟通是行之有效的做法。你要竭尽所能避免显露你的真实来意，而要使之看起来更像是平常的社交活动。在中间孩子面前做产品介绍时，可千万不能像对待老大那样快速而短促，你要进展得慢一点，并且要走心，这样的话，中间孩子的表现通常会更加乐观。第一次拜访的时候，你要给中间孩子留下的感觉是，你不是来卖东西的，而是来建立联系以便更好地了解对方的。

你必须要让中间孩子相信，你很为他着想，并且十分考虑他的利益。要是他只是个小公司的老板，而你的产品服务对象都是大公司，一定要让他明白他的重要性。你可以这样说："我们最近刚刚研发出了新的产品，是专门为小型企业定制的，有个产品很适合你的公司，能有效帮助你省钱。"

还有一个行之有效的方法是，问问他有什么大困难或大烦恼。现今最令他头疼的商业问题是什么？看看你有什么解决的办法，然后以此为切入点，给他一些建议，比如你可以这么说："我想请您去我们的车间看看。看看有什么我们能帮得上忙的。"你也可以这么说："我想请您去见见我们公司的一些人。

我们也定期在为一些和您一样的公司服务。"话是可以变来变去的，但万变不离其宗。

与中间孩子打交道切忌急功近利，你可能会花很多时间去和中间孩子磨合，这样就导致销售周期可能会持续很长的时间。但是，你还是得慢慢来，要懂得放长线钓大鱼。一般来说，中间孩子要比果断的老大或是冲动的老小需要更多的时间去做选择，他们更愿意"顺其自然"。虽然在中间孩子身上花费的时间更多，但是到最后总会有回报，他们更有可能会成为你的忠实客户（只要你提供的服务好）。

中间孩子喜欢听好话

中间孩子往往更喜欢他们已经在用的产品或服务，要让他们选择新产品或新服务可不是件容易的事。他们的格言是："它又没坏，我干吗要修它？""某某公司的产品我用得蛮好的，我干吗要用别家公司的？"当然你可以在价格上下功夫，毕竟中间孩子对价格的防御能力要低一些，但价格也不会一直都是他们的首要考虑因素。对中间孩子而言，他们更看重的是服务本身，人与人之间的关系，还有就是喜欢听好话。你要是能说些好听的，让他们觉得可靠安全又轻松自在，那么他们会对你死心塌地。

相较于老大们，中间孩子倒不那么害怕或排斥做出改变。老大们喜欢保持现状，这样有利于他们掌控一切。而中间孩子在成长过程中本身就没有什么控制权，他们更愿意随机应变，顺势而为。

虽然中间孩子可能不像老大那样凡事都追求完美，但是这并不意味着中间孩子就没有完美主义者。要知道，任何出生次序下的人都会有完美主义者，只是老大及独生子女们由于压力所迫，更容易发展成完美主义者罢了。

如何同中间孩子结束交易

对于所有出生次序下的人来说，退钱保证及免费试用一直都是非常有力的诱惑，中间孩子尤其吃这一套。需要注意的是，中间孩子由于从小就颇受排挤，关注度不够，没有归属感，因而就算他们长大成人了，他们还是会缺乏安全感，骨子里还是会有反抗的情绪。

在推销的过程中，你可以不断向中间孩子强调以往客户的反馈，并且还可以教他们如何去查阅那些反馈，此外，你也可以向他们保证，不论他们买什么产品，他们都将得到全心全意的服务。比如，你可以这样说："我们都知道，做这个产品（服务）的公司不只我们这一家，但是我向你保证，我们公司的产品（服务）更注重客户的需求，而且我们也会竭尽全力根据客户的要求不断进行产品（服务）改进及升级。"

在和中间孩子打交道时，你一定要牢记三件事：销售是有联系的。销售是有联系的。销售是有联系的。

如何向老小们出售产品

从某种程度上来讲，有一个出生次序的人要比中间孩子更注重人与人之间的关系。没错，我说的就是老小。和老小们打交道时，你最好要"带上你的舞鞋和风向标"。换句话说，你要竭尽所能让自己变得有趣可爱，同时也要注意老小们的神色，他们会像风一样随时改变方向。老小们永远都坐不住，总是由着自己的性子办事。

千万别被老小们反客为主

当你将老小作为潜在的顾客时，你的表现越有趣，成功的概率就越大。我不是要你戴着派对帽、吹着喇叭那样欢腾。我的意思是说，老小们向来都是寻找乐子的主儿，别看他们表面上一本正经的，要不了多久，他们骨子里的娱乐因子就会迸发出来。

如果某个交际环境有利于接近中间孩子，那么这个环境也同样适用于老小，而且效果甚至更佳。老小们喜欢竭尽所能做任何事情，工作时就努力工作，玩乐时就尽情玩乐。有时候，他们甚至一心二用，将工作与玩乐融为一体。

当你和老小顾客交谈的时候，一定要确保谈话内容的丰富性及趣味性，要知道，老小们就喜欢听别人或给别人讲故事及笑话。比如，你可以这样问："你最喜欢的故事是什么？在工作中遇到什么好玩的事了吗？说来听听。"

当然，讲故事也是有底线的，切忌口无遮拦。我也喜欢幽默，没事爱开开玩笑，但是一直以来我也是遵照一定规则的，并不是说这样做比较安全，而是因为它是最好、最得体的方式。

时间不等人，务必乘胜追击

就像我上面提到的那样，当你和老大们交手时，动作一定要快，要知道他们的行程计划可是满满当当的，容不得在你这浪费时间。相比之下，老小们倒是不介意多花些时间，但是你也要把握好时间的度，毕竟他们的专注力是有限的，可能一转眼就对你不感兴趣了。要是老小开始对一两个故事表现出了极大的兴趣，你最好控制好时间，不然还没等你开口介绍产品，你的老小客户可能就要去赴其他的约了。

此外，老小们是很容易受到他人的影响并跟风的，所以当你进入正题开始产品（服务）介绍时，你可以多讲讲你的客户名单，和他们说说哪些人、哪些企业正在使用你公司的产品或服务，以增加你的可信度与可靠度。

如何同老小们结束交易

与老大相比，老小的性格可是180度的不同。在老大们看来，比起照片是否是彩色的，设计布局是否干净利索，他们更注重的是产品的参数、数字以及图表。而老小们则与他们相反，他们更喜欢花里胡哨、炫彩夺目的东西，对于参数、数字及图表什么的倒并不那么在意。这就是老小们的本性。

换言之，老小们通常开口就会问："这个产品（服务）对我有什么用？它能给我带来愉悦吗？"这并不是说老小们不可靠，做不了什么合理的决定，而是说，在商业买卖中，老小们通常会比较注重自己的感受。

老小们往往都是冒险者

研究表明，家里出生次序靠后的孩子，尤其是家里的老小们，要比老大们更容易去冒险。美国南方一所重点大学的市场战略教授有一次叫住了我，她告诉我说她已经读了我的《出生次序之书》，并且非常喜欢它。她推测到，由于老大们都是颇具领导力的人，他们涉足各行各业，因此有必要去揣摩老大们的所思所想，以便更好地预测市场动态。

看来她已经尝试将出生次序理论付诸实践了，这一点令我印象深刻，但是我还是对她说："你说的没错，老大们往往确实是社会中的领导者，但是，如果要去预测市场趋势，你最好将目光放到老小们身上，他们可是要比老大们更乐意去冒险，去做出改变。"

在准备结束产品介绍时，一定要好好利用"老小们往往都是冒险者"这一点，这样的话，你拿下单子的概率就更大。老小们往往冲动果断，他们喜欢当机立断做出决定，因此在最后关头，你可以表现得强硬一点，给他们施加一点压力，催促他们做出决定。要是老小们被你牵着鼻子走，那他们一定会毫不犹豫地在合同上签上名字的。

在买克莱斯勒的赛百灵敞篷车时，我颇有自己的看法，都是按照自己的要求进行选择的。当时的汽车销售经理是个老大，穿着打扮非常利落讲究，他十分善于观察，很快就抓住了我的特点，知道该如何与我交手。例如，他看出来我神色匆忙，没有耐心；又或者由于之前的接触，他可能知道我有些冲动，因此，他并没有和我啰里啰唆，而是一针见血，在很短的时间里与我达成协议，我签完字后，便让我把车开走了。虽然他并没有上过什么"如何与不同出生次序的人打交道"的课程，但是他自有一套，至少在和我这个老小打交道时，他成功了。

与老小们做生意很有意思，但是千万别把他们当傻瓜。你要记住，老小们也是有阴暗一面的，他们的出发点就是："我一定要证明给他们看！"老小们可是时刻提醒我们这条亘古不变的真理：我们每个人都需要尊重，有些人更甚。

卖车记

如果你是一名销售人员，你一定要透过别人的眼睛来观察世界，千万不要肤浅地只用自己的眼睛去看待世界。

对方是老大

老大会问你各种各样他能想到的问题，所以你要做好准备——回答。通过不断地问你问题，老大们其实就是在测试你对汽车的了解程度。要知道他们早就做过调查，对汽车的信息早已了如指掌，他们之所以问你问题其实就是想看看你到底有多机灵。

对方是中间孩子

在向中间孩子推销车子时，你要帮助他们选择最符合他们生活方式的车子，但是千万别给他们压力。多给他们一些选择和参考，然后不断说些好听的话，让他们觉得自己的决定很明智。

生意场上的秘笈

其实，和不同出生次序的人做买卖基本上都是倚靠平时的常识来随机应变，没有什么捷径可言。但是倘若真要说出个所以然的话，倒真是有一个秘笈，那就是：你要表现出你的兴趣与热情。这样一来，不论你是去和客户、员工、雇主还是邻居打交道，你都能收到不错的效果。

身为一名作家，我总是在为自己的新书奔波。出版商将我的行程排得满满当当的，前一脚我还在这个城市的电视上露面，后一脚我就在另一个城市的广播上侃侃而谈，每当录完节目后，我又会到当地的书店参加交流会。通常来说，我还是蛮喜欢书店里的交流会的，但是偶尔我也会遭遇作家们最不愿意经历的噩梦：电视或广播采访结束后，我赶到某家书店参加交流会，结果发现那里根本就没有我的新书！

前不久我在美国中西部的一个大城市里参加活动，接待我的是一位非常漂亮的女士，她不仅对书的信息了如指掌，对人（尤其是各个书店的经理）都非常熟悉。在带我去拜访某个全国连锁书店经理的路上，她告诉我这个经理的女儿发生了意外，受伤严重，这个小姑娘一年才得以康复。

我非常感谢她能给我提供这些信息，几分钟后，当我见到那个书店经理的时候，我真切地对她说："你是一个非常厉害的女人，我听说了好多关于你的成功事例，但是我知道，过去的一年里你过得非常不容易。"

话音刚落，那个书店经理马上就来了精神，谈话内容从惯常的寒暄中跳脱了出来，提升了好几个层次。原因很简单。我的这些话传达出了我的理解之情，已经成功触及了她的某个敏感神经。此外，为了更加深我俩的联系，我又多说一句："我自己就有四个女儿。"

接下来便是水到渠成的事了。那个经理对我打开了话匣子，和我说了她女儿的伤势以及缓慢又绝望的康复过程。

实际上，过不了多久，我们便谈到了正事。我为什么来这儿与她会面？没错，我是来宣传新书的！书店经理知道后便惊呼："天哪，你今天的活动是哪场？我们店里没有你的书啊。我会马上订一些来的！"没过几分钟，她就在电脑上订了我的书，数量相当可观。

在去机场的路上，我和那位接待我的女士聊起了我和书店经理的谈话，对于我能如此快速地就和人建立起联系，她很是惊奇。我不以为然地说道："你要是两年后再和那位女士提起我，我敢保证她还能记得我。为什么？因为在她看来，我的兴趣主要是在她和她的女儿身上，而不是为了推销我的书。"

这就是我说这个故事的意义所在。很明显，我之所以对书店经理（或是任何人）表现出极大的兴趣，无非就是为了达到我的目的——提高书的销量。毕竟，作为作家，我可没那么清高，我也希望自己的书能大卖。但是，说实话，我是真的出于对他人的热情，抱着一种想要了解他人的心态才和人建立联系的。这样一来，从某种程度上来说，好处总是会自动出现。

俗话说："善有善报。"你想要别人怎么对待你，那你就得怎么对待别人，这样你的动机就很端正，好事自然就会发生。聪明的人懂得如何去与不同出生次序的人打交道。只要你遵循这一点，今后不论是在生意场上，还是在日常生活中（包括关系最为亲密的婚姻生活中），你都能获得好的回报。要想了解出生次序在婚姻中的影响，请看下一章的内容。

11

出生次序和婚姻对对碰

//////////////////////////

　　我以前一直相信天作之合的婚姻并不是遥不可及的梦，它是确实存在的。但是等我为那么多夫妻做咨询后，我不得不承认婚姻不过就是世俗的存在。对那些来找我的夫妻，我一上来就会问："你们都是家中的第几个孩子？"

　　我得到的回答往往都是："我是家里的老大，她也是。"或者是："我家就我一个，他也是。"

　　这并不是说我没有为中间孩子或者老小做过咨询，只是这些年来我所接触的数千对夫妻当中，我发现那些双方都是老大的夫妻关系最不稳定、最不乐观、竞争性质最强。夫妻双方都是独生子女的话，关系更为糟糕。

　　他们之间的关系并不是真正意义上的婚姻。要知道，真正的婚姻是双方之间懂得欣赏，懂得分享，并最终融合为一个整体。相反，他们两人就像是两只不断打斗的山羊，为了某种东西僵持着，谁也不会让步。

　　那么，他们到底是对什么事情意见不合呢？——所有的事。老大和独生子女生性追求完美，对任何事情都会吹毛求疵。就像一首乡村歌曲里唱的一样："你想要那样，而我却想要这样。"这就是他们的真实写照！

我将一对争吵的夫妻赶了出去

　　我曾经遇到过这样一对老大夫妻，他们每次来找我咨询的时候，总会先花上10-20分钟吵架，全然不顾我的感受，最后我实在忍无可忍，将他们都轰出了办公室。

我说道："这次不收费，我可不想听你们在这儿吵吵嚷嚷，我受够了。你们回家好好想想吧。等你们真准备好要维持这段婚姻的时候再来找我吧。"

不可置否，将这对夫妻轰走确实有些欠妥，但是这些年来，当遇到某些特殊情况的时候，我觉得这个做法也不失为一个明智的选择。后来，差不多有一个月的时间，我都没有收到他们的任何消息，我当时就想：莱曼，这下可好，你把他们都气跑了，他们再也不会回来了。不过几天后，他们又打电话预约了，这一次他们没有吵架，至少没有当着我的面吵。

这是怎么一回事呢？这对夫妻只是做了个小决定，他们打算收起利角，不再针锋相对。确切的说，他们决定不再使用语言暴力伤害对方、破坏婚姻了。他们老是为一些鸡毛蒜皮的小事儿较劲（典型的完美主义），衣服堆太多，灯没关等小事都会成为他们争吵的导火索，也正是这些小事把他们逼疯了。

通常开车去某地的时候，他们俩在车上就开始交起火来。身为老大的丈夫想要走一条自己熟悉的路上高速，而同样身为老大的妻子就会说："你怎么在这里就拐了，我们不是要上高速吗？"

"我每次都是走这条路的啊。"丈夫回答道。

"你应该在埃尔姆街那边就拐过去，"妻子一点不让步，"那样走要近多了。"

一开始我们没有取得任何进展，后来我问了他们一个简单的问题："这场婚姻里谁是赢家啊？你们老是这样争来争去，谁更厉害一些？"

他们看了看对方，说道："谁也没赢。"

"我看出来了。"我回答道。然后我又对他们说，"你们俩都是家里的老大，两个老大凑在一块的婚姻本身就是非常不稳定的，要想经营好婚姻生活，你们就得学会让步和接受对方。"

只要他们明白这点，就没有必要再来找我了。临走时我又给了他们一些建议："记住了，千万不要整天怒气冲天的，每天晚上睡觉前，两人一定要花上一小会儿交流一下，有什么纠结烦恼的小事都要一笑了之，千万别带到睡梦中。还有，下次上高速的时候就从埃尔姆街那上吧！"

这些年来，找我咨询的完美主义者可不少，个个婚姻都濒临崩溃。但并不是说只有两个老大的婚姻才这样，两个中间孩子或是两个老小组成的婚姻，经营不善的话也可能会导致失败。想要让自己的婚姻少一点风险，务必记住一项原则（不是什么标准）：不要跟与自己的出生次序一样的人结婚。如果你还没有结婚，如果你想要让自己婚姻幸福的概率高一点，那你最好找个和你出生次序不一样的人结婚。这一点我们稍后会有所介绍，现在我们来看看两个出生次序相同的人结婚后都会发生什么。

完美主义者和性生活

雪莉38岁，乔治41岁，两人都是家里的老大，他们来找我的原因是：乔治认为"雪莉在性生活方面出了问题"。雪莉是家里四个孩子中的老大，她的父亲是个非常霸道专横的男人，在她看来，父亲很有智慧但脾气暴躁。雪莉说，一直以来父亲都想掌控她的人生，令她苦不堪言，因此她发誓说："一定不会嫁给父亲那样的人。"

但结果往往不遂人愿，雪莉最后偏偏就嫁给了父亲那样的男人。这是为什么呢？有一种解释是，异性家长对子女的影响最大。在雪莉的情况中，专横的父亲就会变成她的择偶标准。虽然雪莉嘴上说不要嫁给父亲那样的男人，但是内心深处却有另一种声音驱使着她："我永远都无法使爸爸满意，我一定要找个像他一样的另一半，我一定会让另一半满意的。我一定会赢的。"

虽然乔治不像雪莉的父亲那样暴躁，但是他很挑剔，要求非常严苛，而且他还希望每天都能行鱼水之欢！而雪莉是个典型的完美主义者，性爱对她而言也像其他事情一样，必须做好精心的准备才行。乔治和雪莉在性爱上没有什么技术可言，姿势也不讲究，而且还不能开灯。

雪莉也想让乔治满意，但是如果她满足了乔治的性欲，那她自己就没法放轻松享受性爱过程。这样一来，雪莉慢慢就不顾乔治的感受了，但乔治也是一个完美主义者，他在性生活上得不到满足，于是就开始不断挑雪莉的刺。乔治到处找茬让雪莉变得越来越紧张，心中的怨气也越积越深。在她眼中，乔治越来越像她的父亲了。

他们婚姻的最后一根稻草是，雪莉和乔治都希望拯救他们的婚姻。这一点很涨士气，要知道，我给人做婚姻咨询就本着一个原则：如果两人在上帝和亲朋好友面前立下誓言："不论发生什么，我们都愿意结合在一起。"那么这两人就必须尽可能在一起。现在对于这两个整天针锋相对，并且卧室还是主战场的完美主义老大们来说，要想卸掉他们头上坚硬的羊角，第一步就是减少性生活的次数，在性爱方面要变得灵活些。这可不是什么难事，要知道，由于他俩整天针尖对麦芒，关系那么紧张，哪有心思行房事，他们早已将性生活降到了每周"只有四次"。

我建议雪莉和乔治在进行房事时一定要放轻松，不要把它当作表演（或是酷刑），而应该把它当作一场庆祝，专心享受。此外，我还教给了他们几点技巧。很快他们的关系便有了改善。我给雪莉单独布置的任务她也完成得非常不错。我建议雪莉要及时正视自己追求完美的事实，一有苗头就要及时承认，这样一来，她就能看清她对自己和对他人的要求。

同时，我还建议雪莉要明确自己的期望，对生活不要太苛刻，不要总是想一口吃个大胖子。还要学会说不，超出自己能力范围的事就要勇敢地去拒绝。就像我们在第7章里提到的那个凯瑟琳一样，雪莉是个典型的取悦者，总想着要取悦他人。但是她自己也有工作，回到家还要做所有的家务，在社区里还担任着好几个志愿者的角色，所以自打她和乔治结婚以后，她肩上的负担就变得特别重，随着时间的增加，负担还会越来越重。

当雪莉学会了说不，她也就学会了去为自己争取空间。她不再整日整夜地被各种待做事项所累，也用不着将事情都列在单子上，贴在方向盘上，以此来时刻提醒她一天该干什么。现在她每天做的计划少了，并且尽量完成计划上的事项。再也不像以前那样将自己负荷得满满当当，结果一天下来总是感觉很失败，认为自己"没有干完该干的事"。

正如我所料，雪莉和乔治之间的关系有了根本的改善，他们的性生活的次数虽然减少了，但是双方要比以前更享受这个过程了！

这里还有一个问题需要解决，雪莉必须改变她认为乔治很专横的看法。在乔治面前，雪莉一直扮演着被动的角色，我鼓励她在双方关系中要主动，特别是在性生活方面。我给了她一些建议，比如说可以把丈夫从工作中"掳走"，然后两人到城郊处的度假景点住一晚，或者说，还可以在工作日中午抽空去野餐。

雪莉可真是个十足的完美主义者，她真的全身心地投入到了我给她布置的任务中去了。至今我还记得她容光焕发地和我说起，那天下班后她去接乔治，俩人在外面吃了个野餐，洗了个热水澡，还在旅馆里呆了整整一个晚上。那天她诸事都想得很周全，提早订了房间，把孩子交给了婆婆照看。

乔治在这场婚姻中的表现就没有让人诟病之处吗？当然有。他是个完美主义者，性子又蛮横，我也得好好和他聊聊，帮助他认识自己并做出改变。一般来说，婚姻生活出了问题，夫妻双方总是会认为是对方出了问题，很少会在自己身上进行反思。

在雪莉和乔治的婚姻问题中，其实关键在于雪莉，只要她做出了改变，他们的婚姻就会步入正轨。只要她能正确积极地看待她对于完美主义的追求，她就可以分清事情的轻重缓急。当她重新调整自己的期望和目标后，情况也就会随之改变。对于雪莉而言，跟一个和她父亲一样专横严苛的男人结婚，这日子注定不好过，最终她的希冀会以失败而告终，她的婚姻就像是一辆急速行驶的列车，一步步逼近前面的那座桥梁。但是，好在雪莉及时改变了列车行驶的方向，使得她

如何公平地争吵

1．选择一个不被打扰的地方。

2．一个人讲话时，另一个人不能插嘴，要等对方说完了再说。

3．在你开口说话前，心里默数10下。

4．拉起对方的手，直视对方的眼睛。

5．两个人之间说的话别让第三个人知道。

6．如果火气实在太大，先休战几小时冷静一下，定好下次交流的时间。

7．生气是可以的，但不要持续太长时间。

与乔治的婚姻进入了安定又幸福的轨道。我真为她骄傲！

缺少沟通的西尔维娅和马克

还有一种婚姻组合也会遇到麻烦，那就是两个中间孩子组成的婚姻。正如我们在第8章所讲的那样，中间孩子会有自己的定位，他们的定位视家中老大的强弱而定。中间孩子会朝很多个方向发展，但是绝大多数中间孩子基本上都善于协商、妥协。

总之，中间孩子虽然十分懂得"外交"，看似有利于婚姻生活的发展，但是结果却不一定尽如人意，两个中间孩子在婚姻中可没那么灵活变通，他们总是不惜一切代价去保持和平的假象。他们是天生的逃避者，一开始是逃避问题，最后是逃避对方。中间孩子喜欢在平静的生活之海里徜徉，他们不愿意激起波浪，这样的结果是，他们的生活表面上看起来风平浪静，但是实际上狂风暴雨正在慢慢逼近，这一切都是由于他们缺乏交流导致的。

西尔维娅就是这种情况。她32岁，娴静斯文，是五个孩子中的老三，上面有两个姐姐，下面有两个弟弟。处在这样一个尴尬的位置，西尔维娅的童年和少年时期缺乏关注，不被人重视，长大后她性格内敛，做事被动，总是会不惜一切代价去避免冲突。母亲上班的时候，她还经常要去照看两个弟弟，以此来取悦父母。

马克29岁，是三个孩子中的老二。他的哥哥各方面都极其优秀，妹妹在家里总是享受"小公主"的待遇，这令马克感到很不公平。

马克很早就将目光锁定在了家之外的世界，他不断寻找自己的朋友，开拓自己的生活圈子，这也是中间孩子的典型特征。在马克的朋友圈中，西尔维娅便是他其中的一个朋友，他们高中时恋爱，毕业后便很快结了婚。现在他们已经结婚8年，有了两个孩子，一个7岁，一个4岁。

是西尔维娅要求进行婚姻咨询的。起先是由于她老是向姐姐抱怨自己整天围着孩子团团转，根本没有时间与丈夫沟通，她姐姐被她说烦了，于是就建议她去婚姻咨询处发牢骚。此外，西尔维娅还担心丈夫有了外遇，因为好几个月以来马克总说要加班。

后来我分别找西尔维娅和马克谈了话。可以肯定的是，马克在外面根本就没有女人，要知道，中间孩子可是所有出生次序下的人中最忠贞的了，马克符合这一点。在他看来，一个女人就够他受的了，尤其是这个女人还想干涉他的生活，他躲都来不及。西尔维娅总是像对待她那两个弟弟那样对待马克，她总是告诉他该干什么不该干什么，这令马克很是讨厌。虽然如此，出于中间孩子特有的本性，马克并不想让平静的生活起风浪，他极力想避免冲突，于是最简单的办法就是找借口说："对不起，我今晚得加班。"

另一方面，西尔维娅不知道该如何去接近马克，于是对于马克的行踪就只能靠猜了。西尔维娅来找我之前，他俩之间根本就没有沟通。后来，他俩决定在孩子们睡着之后交流一下，这样他们才能更加专注于对方。之前马克的沉默以及老是加班的情况让西尔维娅忧心忡忡，当马克说出了心声后，西尔维娅终于如释重负。马克也终于知道，他把想法告诉妻子后，她也并不会抵触自己。

虽然西尔维娅很高兴能与马克交谈，但她难以用语言表达自己的想法。我建议，她可以时不时给马克写一些鼓励他的便条，以此来弥补自己口头表达方面的不足。由于马克时常出差，于是西尔维娅就在他的行李箱里塞个小便条或者小卡片。当马克在旅馆里打开行李箱，这些便签从衬衣里滑落下来的时候，马克心里别说有多感动了。

这种交流方式的另一个好处是，西尔维娅也不再觉得两个孩子是拖油瓶了，马克回到家后也会说："我能帮忙吗？"马克愿意在家帮忙了，这让西尔维娅很是高兴，她再也不老是用"母亲的口吻"告诉他该干什么了。

作为中间孩子，西尔维娅和马克各自都是结婚的好对象，但是他们这两个中间孩子在一块，结果可就不好说了。由于中间孩子的性格使然，他们可能宁愿选择逃避也不愿去沟通，让生活平静如水的愿望已经大大超出了他们想要去协商调解的愿望，这听起来矛盾极了，但双方关系就是这样变糟的。

债台高筑的彼得和玛丽

同样，两个老小的结合也不是最好的选择。从好的方面来看，两个老小之间默契十足，都会全心全意地爱对方，因此恋爱时期会很快乐。但是一旦结了婚，其中一人最好要好好管理家中的收支，不然他们真的会"破产"的。

彼得和玛丽都是家中的老小，他们来找我的时候，已经负债累累。他们都是30岁出头，没有孩子，收入也不错，但是债务却很吓人。他们的每张信用卡都刷爆了，好几所大商场的账单也都是逾期未付，他们的车子和滑水艇也即将被没收。房子之所以没出什么问题是因为他们的房子是租的。而且10天之内还交不上房租的话，他们就要流落街头了。

出了这么多的问题，最后遭殃的肯定是婚姻。虽然彼得和玛丽在家里都不是那种被过分娇宠的人，但是自从他们自己组建家庭后，他们就老想着要行乐。看上什么东西了，他们肯定会毫不犹豫地买下来（这可都是要花钱的）。然后他们就会指责对方花钱大手大脚没有节制。其实，他俩是半斤八两。最后，他们对一切都失去了控制。

对于彼得和玛丽，我的第一件事就是给他们联系了一名财务顾问。顾问帮他们整理了所有的债务，制定了付款方案，并叫他们节衣缩食，合理花销。他甚至让他们把所有的信用卡都销毁掉。通常来说，老小们才不会节衣缩食。我也是老小，我很清楚。所以在我们家，都是老大桑德掌管财政大权的。

之后彼得和玛丽又来找过我几次。他们真正的问题在于钱，而不是婚姻。事实上，他们深爱对方，表示要永远在一起。只要他们下定决心，至少两年内别刷信用卡，并且把那些"玩物"（如滑水艇）卖掉几样，他们就可以很稳定地生活下去了。

彼得和玛丽的例子很好地证明了，两个老小组建的家庭往往缺乏规范性和稳定性。正如我们在第9章里所讲的一样，老小们从小到大备受宠爱，凡事都有家里人照顾，衣来伸手饭来张口的生活令老小们很难去培养理财的概念。

另一方面，在家人眼里，老小们太小太弱，什么都干不好。久而久之，老小们都会抱着这样一种态度：管它呢，我能干好一件事的话，说不定还挺有意思呢。

等到彼得和玛丽看到自己可以控制花销，而且日子过得还不错的时候，他们就可以好好生活下去了。

什么样的组合才是最佳组合

那么什么样的组合才更容易造就幸福美满的婚姻呢？当然是找个和你不一样出生次序的人结婚了。

两个不同出生次序的人不仅更加有吸引力，而且这样的组合也有利于婚姻生活的发展。这一点心理学家们可是通过研究证实了的。研究表明，老大（或独生子女）和老小的婚姻是最佳组合，其次是中间孩子和老小的婚姻。

以下是六种出生次序下的婚姻组合，我们可以看到每种组合的婚姻走势以及一些小建议。需要注意的是，我并不保证这些组合下的婚姻一定会幸福或是一定会失败，关键是希望我们能从中得出一些共性来帮助夫妻解决可能出现的危机。

对老小们的小建议

1．任何超过100美元的物品在购买前都要和另一半商量沟通。

2．夫妻双方一定要达成协议：除了买房子和买车子，如果银行里或钱包里没多少钱，就不要乱买东西。

3．如果你碰到了想要买的东西，赶紧走开，看看24小时后你还想不想买。你要不断地问自己：我是真的需要那个东西，还是只是想要那个东西？我想要它的那种渴望会持续多久？

4．夫妻双方可以达成协议：每人每月可以预留一部分钱作为"娱乐基金"。那笔钱必须是现金，而且这笔钱用了就用了，千万不能额外动用信用卡、活期账户及存款里的钱。

老大+老大=权力相争

就像我们前面提到的乔治和雪莉的例子那样，两个完美主义者凑到一块儿，势必会针锋相对、争权夺利。问题就出在两人对于完美的追求和对权力的掌控上。假如你们俩都是家中的老大或是独生子女，为了减少婚姻摩擦，增进和谐，我给大家提几个小建议：

1. 别总是想着对另一半的所做所言"画蛇添足"。对于完美主义者来说，这可能有些搞笑，但是为了保住你的婚姻，我建议你最好还是管住你的嘴，三思而后行。

2. 别总是对另一半"指手画脚"。对追求完美的老大们来说，吹毛求疵便是他们的第二大天性。如果你对自己或是另一半要求很高，那你最好把你的期望标杆再降低一些。一旦你对自己不再那么苛刻，慢慢的你对另一半的要求也就不会那么严格了。

3. 务必找准自己的位置，避免权力斗争。换言之，一定要决定好各自的分工。比如说，夫妻俩可以一个负责购物，另一个负责管理账单。对于各自的任务可以互相帮助，尽量多为对方考虑。比如说，如果一方买了东西，另一方就不应该再去抱怨钱花多了。我就咨询过这样一对夫妻，丈夫是个超级完美主义者，要求非常严苛，总是对妻子的购买花销吹毛求疵，有一次妻子实在忍不住了，说道："我不干了，这周你去购物吧。"结果丈夫购物回来后，心服口服，从此再也没发一句牢骚。

4. 务必丢掉"得按我的方式来做"的态度。做事情的方式千千万万，何必单恋你这一种，况且你的方式也不一定是最好的。这些追求完美的老大对另一半可以这样说："或许你是对的。这次我们就这么试试看。"

老大+中间孩子=难以琢磨

跟中间孩子结婚的老大首先应该感到很宽心，因为中间孩子的婚姻通常很持久。但是与此同时，中间孩子也是一个矛盾体，他们善于协商、调解和妥协，但是他们也捉摸不定，令人很难发现他们的真实情感。在婚姻中，中间孩子总是会时不时给另一半丢块无味的骨头，却不直接表达自己的真实感受。

给老大和中间孩子的婚姻组合的建议如下：

1. 定期交流感受，说明到底是怎么回事。千万不要等到另一半丢一块没味儿的骨头给你，并且只是说一句："没什么。"你要问问对方"没什么"到底是什么意思。在婚姻生活中，夫妻双方不说每天，至少每隔几天就得来一次情感的梳理，这对那些不愿意说出自己感受的夫妻来说尤其管用。

2. 你要让另一半感觉受到重视。从小到大，由于缺乏关注，中间孩子总是觉得自己不受重视，因此作为丈夫或妻子，当你给身为中间孩子的另一半送送小礼物，写写情书，真诚地说些他（她）爱听的话时，你的另一半将欢欣雀跃，感动万分，这样一来也就巩固了婚姻。下面这句话适用于任何出生次序的人，但它尤其适用于身为老大的丈夫和中间孩子的妻子：每天妻子都会变着法子地问你："你真的爱我吗？"她们每天都在等待你肯定的回答。

3. 让身为中间孩子的另一半说出自己的感受。记住，作为老大，你本性就喜欢直接给出答案解决问题。但是，你要克制一下，并且应该征求一下另一半的意见："你怎么觉得呢？""告诉我你的真实想法。""还有呢？"身为老大的丈夫应该多问问身为中间孩子的妻子的看法，尤其是在人情世故方面。中间孩子不但感觉敏锐，而且喜欢为别人排忧解难。

老大+老小=天作之合（一般来说）

一项以3000个家庭为研究对象的调查表明，老大和老小的婚姻组合幸福概率最高。这两人在一起正好就是互补的关系。老大会教给老小一些细节问题，比如做事要有组织有目标；而老小则会让老大学会轻松生活，不要太严肃。

研究结果显示，妻子是老大或独生女，而丈夫是老小的组合是最佳婚姻组合。我并没有参与此项研究，这话可不是我说的，但碰巧的是，我的妻子就是老大，而我就是老小，能有这样的结合真是幸运。

身为老大的女性往往很有母性，而身为老小的男性又很需要母亲的照顾。我很幸运能有这么个对我照顾有加的大姐莎莉。她八岁的时候就开始经常照顾我，还教给了我一些关于女人的事。比如，她说女孩子可不喜欢那些处处炫耀又爱拉帮结派的男孩，她们最烦的就是男孩们互相推搡、大声说笑，还经常干些蠢事。她还说女孩子喜欢的是那些温柔、善解人意、善于倾听、懂得礼数的男孩。

绝大多数婚姻咨询师都表示，男人并不懂女人心。因此，一个男人还是个小男孩的时候多了解一些关于女孩的事并不是坏事，这有助于日后他和妻子的婚姻生活。当然，我的婚姻还在继续，我还有些事情需要好好改进，好在妈妈一般的妻子很乐意与我携手共进。

一般而言，老大与老小的组合要比其他的组合更能获得婚姻的成功，但是成功也不是天注定的。成功美满的婚姻得靠两人来经营。夫妻俩必须齐心协力相互关爱、相互扶持。

我和桑德的结合，恰恰就是典型的熊妈妈和熊宝宝的组合。不用说，我这个熊宝宝必定会让桑德这个熊妈妈操尽了心。桑德不得不忍受我难看的吃相，还有不停地将我乱丢的衣服一件件捡起来。

这样的好日子没持续几年就破灭了。有一天，我在为我的博士学位奋斗，当时我正在研究如何让学生守纪律，并为自己的行为负责。不想这事被桑德知道了，她恍然大悟：如果说让孩子懂得为自己的行为负责是好事，那么这一点放在丈夫身上可能更好。于是桑德就开始行动了。

不久我便察觉，我乱丢的衣服就在原地呆着，桑德也不收拾了，不多时，家里到处堆满了我的衣服。终于有一天，我开不了门进不了家，因为桑德为了给自己腾出地方做事，把我乱丢的衣服都收集了起来，然后放在门口将门堵住了。这下总算引起了我的注意。桑德和我进行了一段很长时间的谈话，我们相互表达自己的想法与感受。

她说："听着，我是你的妻子，不是你的妈妈。你自己去把你的衣服都捡起来，放到指定的地方去。我要为晚饭做做新的菜式，我希望你也不要老是挑食，至少要尝尝几道其他的菜。你不要总是光说不练，要成为孩子的好榜样，你还有好长的路要走。"

我说："好的，我会努力改进的。但是你要向我保证，我们晚饭吃的是罐装豆子和玉米，而不是冰冻豆子！"

学着去收拾自己乱丢的衣服，尝试不同的食物，仅仅是熊宝宝向熊爸爸进军的第一步。

以下是给老大和老小婚姻组合的建议：

1. 如果你是老大，不要让身为老小的另一半占便宜。我的妻子桑德虽然性格温顺，但是她能坚持己见。她希望我能成为家里的领导，积极承担起责任。有时候，她非常像我的高中英语老师——在这个老师的课上我从不敢马虎，因此我会学到很多东西。我甚至明白，堂堂一名拥有博士学位的心理学家给孩子换尿布也并不是什么不可见人的事，孩子出生后，我也会分担一些育儿工作，换尿布、给孩子洗澡等小事我都能很好地处理。总之，熊妈妈让熊爸爸明白，养儿育女并不只是女人的工作。我很高兴她让我明白了这一点。

2. 如果你是老大，别老是吹毛求疵了，要学会让步。如果你要找老小的错误，你不用费吹灰之力便能成功，老小们的错误简直随处可见。你要尽力接受这些缺点，不然就柔和地提些意见，让老小去改正。如果你是老小，记住千万不要把自己的缺点直接暴露在身为老大的另一半面前。

3. 如果你是老小，别忘了别人也需要关注。老小们总是爱在人前显摆，他们老是主动索取他人的关注："快看，我多厉害，奖励一下吧。"老大们总是表现得很坚强，好像他们不需要别人的关注似的，其实他们很需要，你应该多多关注他们。

4. 如果你是老小，记住婚姻不是一个人的事。在家里，可能都是身为老大的那一方在打点一切，将诸事安排得井井有条，而身为老小的那一方常常不说一声就去忙自己的事，总是不跟另一半商量一下就去买东西，安排某事，有时甚至背着另一半直接就把重要的事情做了。

对于婚姻，我所获得的最有用的智慧之一来自"关注家庭"创始人及畅销书作家詹姆士·杜布森博士，他的著作有《不以规矩，不成方圆》《意志坚定的孩子》《是隐藏还是寻找》，等等。作为家里的独生子，杜布森博士学识渊博，严于律己，踏实可靠。有一次，我们夫妻俩和他一起吃午饭时我问他："吉姆，如果让你给我提个建议，你会提什么？"

他看了看桑德，又看了看我，毫不犹豫地说道："凯文，以后不管做什么，先去和桑德沟通一下。"

显然，杜布森博士的建议适用于任何出生次序下的婚姻组合，尤其适用于老大和老小的组合。我对自己说："连独生子吉姆·杜布森都这么说，我也要这么做！"从那以后，我一直都努力遵照他的建议行事，事实证明这样做没错。

中间孩子+中间孩子=一团糟

之前我们说过，两个中间孩子在一块儿是很难交流的。他们总是感觉没有必要直接跟对方发生冲突，他们可能还不相信自己的判断。这是中间孩子特有的态度。

在给夫妻俩都是中间孩子的家庭做咨询的时候，我经常用到且最成功的道具便是"透明的建议箱"。找一个透明的碗或罐子，并把它放在最明显的位子，然后把各自的想法投进去。要保证手边有纸笔。丈夫用一种颜色的纸，妻子用另一种颜色的纸。当丈夫想要向妻子提什么意见的时候，他就把想说的话都写在纸上，然后丢进碗里。妻子也是这样。有些夫妻，尤其是丈夫，认为这种"建议箱"的做法过于夸张，但是我劝他们试试看，因为有些人不习惯当着另一半的面说出自己的想法，而"建议箱"就能顺畅地帮助他们表达自己的真实感受。

对于如何维持这样的婚姻组合并使其健康发展，有以下几点建议：

1. 帮助对方建立自信。中间孩子往往对自己信心不足，因此夫妻双方要让对方知道你对他（她）的能力很有信心。但是你的意见一定要真诚，那些明显是拍马屁或是敷衍的话就不要多说了。

2. 对家庭之外的友谊要给予充分的空间。由于都是中间孩子，夫妻俩可能各自都有一个庞大的朋友圈。鼓励对方多和朋友联系，但是仅限于同性朋友之间。任何时候都应该牢记自己已婚的事实，应该以已婚的名义参加任何活动。

3. 为对方做特别的事。我之前提到过这一点，但还是有必要再重复一下：由于从小到大总是受排挤、被忽略，中间孩子往往觉得自己不重要，没有什么特别之处。要改变这种情况，你不必花太多的时间和金钱，爱的便签就是个不错的选择。一枝玫瑰花，一小瓶香水或是一顿特别的晚餐都是很好的做法。你要记住，重要的是你的心意，而不是花多少钱。

4. 最重要的是，要彼此尊重。如果快迟到了，先给对方打个电话说明一下；在答应别人事情前，先和另一半商量一下；在别人面前不要谈论自己的婚姻；在孩子面前一定要相互支持，尤其是当涉及到某些原则性问题的时候；在他人面前不要说对方的坏话。这些都是尊重的表现。

中间孩子+老小=结果还不错

对出生次序的研究表明，中间孩子跟老小组合而成的婚姻，其幸福美满的概率很高。中间孩子善于协商和妥协，这与老小这样的"交际花"很是适合。

虽然听起来有些荒谬，但是不得不承认，这样的婚姻组合更容易促进双方进行交流，说出自己的真实想法。没错，前面我说过，中间孩子不愿意说出自己的感受，但那是和老大在一起的时候，他们和老小在一起时就没那么有危机感。这就有利于促进双方沟通。

要想让这样的婚姻组合锦上添花，有如下几点建议：

1. 如果你是中间孩子，你要主持大局，但是千万别在老小面前摆出一副高人一等的姿态。你要是这样做的话，身为老小的另一半很快就会发现这个苗头，因为一直以来大家都是这么对待他们的，这练就了他们过人的"嗅觉"。

2. 如果你是中间孩子，把你的社交爱好同老小分享一下，这样两个人在一起才会更有意思。倘若你是一个典型的中间孩子，朋友对你来说很重要，你喜欢和人打交道，而你的另一半是典型的老小，那么他（她）会随时准备冒险，尝试新的事物。在日常生活中，老小们总是会有新想法、新奇招，经不住老小没日没夜的软磨硬泡，身为中间孩子的你最终明白这事是摆脱不掉的，但是由于客观条件不允许，你会说："亲爱的，我也想和你出去浪漫一下，但是至少也得等孩子们都睡了（或者等工作都忙完了）。"

3. 如果你是老小，你应该意识到自己是自私的，有种想要一直待在聚光灯下的欲望。不要老是指望别人围着你团团转。你还是多花些心思在另一半身上吧，让他（她）觉得自己被疼爱被重视比什么都强。

4. 如果你是老小，不要无底线地拿另一半开玩笑。所有出生次序的人都应该注意这一点，尤其是那些总想找点乐子，搞点恶作剧，有时还会不惜嘲讽别人以博人一笑的老小们更应该长个记性。要知道，许多中间孩子是非常敏感自卑的，你一不小心就会开错玩笑，或是开过了头。你要记住，你的原则是和另一半一起欢笑，而不是嘲笑他（她），令他（她）难堪。

老小+老小=一团糟

我前面就已经提过，老小跟老小的婚姻很有可能在财务管理上栽跟头。他们往往很难干脆利落地回答这个问题："你们到底谁在收拾这个烂摊子啊？"而且过不了多久，他们的家就真的变成一个烂摊子了。

两个老小必须学会合作，谁负责账单，谁负责购物，谁负责洗碗做饭，谁负责人情世故，谁负责打扫房间，谁主要负责教育孩子，这一切的一切都应该分工明确。不知你注意到没有，在教育孩子方面，我用的词是"主要负责"，也就是说，父母双方是一个团队，其中一个打前战，另一个就得做后援。

如果老小们凡事都大大咧咧，过日子不精打细算的话，那么他们很快就会陷入危机。老小们老是忘事，总是指望另一半去做事，自己就堂而皇之地不将事情放在心上。（"是要我去加油吗？我以为你去呢？"）

老小们总是想把责任推卸给别人，在婚姻中，除了另一半谁还会是最佳人选呢？但是，如果另一半也是老小的话，他（她）才不会吃你这一套，说不定还会反咬你一口呢。

以下是给老小和老小这一婚姻组合的建议：

1. 要小心另一半会选择性听事。记住，你们两个都喜欢去操控别人。你们在玩得正高兴的时候，都会选择性地去听自己想听的。最后当你被对方质问的时候，你又会搬出那句老话："我可不是这么理解的。我从来就没同意那么做。你怎么不先告诉我一声？我根本就不知道这事！"

2. 学会做一个积极的听众。对付选择性听事的最好方法就是做一个积极的听众，也就是说，你不光要用耳朵去听，还要正儿八经地看着对方，认真感受对方的所思所想，去理解他（她）正在谈论的事。当你们俩谈事的时候，找个地方面对面坐着，膝盖相抵，手牵着手把话说清楚。这期间必须遵守两个规则：一方说话的时候，另一方不可打断；听的那方在答复之前，务必要做出反馈，直到说话者满意为止。没错，这样的交流很费神，但它确实不失为一个有效的方法，它能帮助夫妻俩学会如何倾听，从而理解对方在说什么。

3. 两人要把话说清楚。方法很简单，两人可以一周一次或者两次，找个时间坐下来好好谈谈，比如说："我们的预算怎么样了？""我们最近的花销还在预算中吧？""还记得我们的结婚纪念日吗？""你觉得我有没有在认真听你讲话？"对于最后一个问题，只要你拿捏好说话的语气，不要显得咄咄逼人，那么经由这个问题，你朝"做一个积极的听众"又迈近了一步。

4. 放松心情，从容不迫。这些都是你的天性，所以在紧张时刻更要积极发挥。你别忘了，作为家中的老小，你面前有那么多优秀的哥哥姐姐，你只有凭借自己的特色和机智去处理一些棘手的问题，才能在大孩子的阴影下活下去。而在婚姻问题上，你只有跟另一半共同努力，才能解决问题。

5. 保持幽默，永不言弃。在中间孩子和老小的婚姻组合中我就说过这一点。在老小和老小的组合中，这一点也同样适用，那就是千万不要开对方玩笑，你们要的是一起开怀大笑，而不是嘲笑对方。

以上组合，仅供参考

到这儿，我已经把六种"最好"及"不太看好"的婚姻组合都说了一遍，不知你看完后是备受鼓舞还是备受打击？你可能有点云里雾里，因为以你的出生次序来看，你的婚姻应该是幸福美满的，但结果却不是这样。也许你的心里会很气愤：你说我们的组合不被看好，可是我们过得好着呢！你看，莱曼说的也不可能全对吧？

在这六个组合中，婚姻是强是弱是遵循一个原则的，这个原则我之前一直在强调，接下来也还会不断强调：当谈论出生次序时，本书中所有的说法并非铁律，只是为了给你一些指示，仅供你参考。换言之，所有理论仅起指导的作用，只是在给你指个方向，并不是说你的婚姻幸福与否早已被出生次序所决定。你的出生次序不能成为你的借口："唉，没希望了。我们都是老大，我们注定是要离婚的。"

我认识的不少婚姻都是老大和老大的组合，他们照样相处得很好。我的大姐莎莉就是一个例子。我的姐夫韦斯也是个老大，他是个牙医，做事一丝不苟，追求完美。你也许会以为莎莉和韦斯在一起一定是相互挑刺挑破了头吧，但是事实并非如此。他们有共同的信仰，懂得平衡，工作都很努力，这一切都让他们的婚姻更加牢固，非常幸福美满。这一点，他们那三个出色的孩子便是很好的例证。

看吧，事情并不是绝对的。出生次序并不能决定一切，它仅仅只是一个参考，指引你去发现并处理一些问题与危机。你和你另一半的出生次序是什么并不重要，重要的是你该如何运用自己的优势去处理或改变自身的缺点。了解自己和另一半的出生次序仅仅是生活幸福的第一步。

还有一个关键点便是要了解夫妻双方的生活方式。在接下来的一章中，我们将重点关注夫妻俩的生活方式，当两个拥有独特生活方式的人生活在一起，他们的家庭会碰撞出什么样的火花，或者火药？

完成以下测试，看看你的婚姻怎么样。

夫妻小测验

1. 你爱吹毛求疵吗？你会对另一半的穿着、说话方式和行为方式挑刺吗？经常如此吗？

2. 你会去给另一半加油鼓劲吗？

3. 你们会把话说清楚吗？你们会留出二人时间吗？

4. 夫妻俩最近一次不带孩子单独享受"二人周末时光"是什么时候？

5. 你最近一次称赞另一半是什么时候？

6. 最近一次对另一半说"我爱你"，并给他（她）送了个特别的礼物是什么时候？

7. 你有多长时间没对另一半说"我爱你"了？

8. 什么事情是另一半希望你去做的？你这周会去做吗？

9. 你们彼此会分享看法、感受、梦想及挣扎的事吗？

10. 你会花时间去找出另一半喜欢的东西吗？你会花心思去了解另一半最喜欢的消遣和活动吗？

11. 距离上次你把另一半从办公室（或洗衣房）中"绑架"出来去过二人世界有多长时间了？

12. 上次你提前下班回家照顾孩子，而让另一半去购物或者干点他自己的事是什么时候的事了？

13. 上次你说："对不起，我错了，你能原谅我吗？"是什么时候？

根据你的出生次序，你的优点和缺点是什么？你在哪些方面正在苦苦挣扎？在哪些方面又取得了成功？今天你会采取什么样的措施来和你的另一半重新审视你们的婚姻呢？

12

只有在……的时候，我才有价值

//

对于"只有当……的时候，我才有价值"这样一句话，你会如何补充呢？

你所补充的内容会反映出很多讯息，包括你的婚姻。当夫妻之间出现了问题，并决定去找心理医生的时候，我首先要搞清楚的便是他们各自的生活方式和生活主线。

每个人都有自己的生活方式，这是我们每个人看待自己、他人及这个世界的特有方式。每个人对生活的看法不同，双眼所见之物便是我们各自所谓的现实。

同样，每个人都有自己的生活主线或主旋律，我们每时每刻都深受这条主线的影响。我们很少会去描述自己的生活主线，但是它确实存在，无时无刻不在决定着我们的动向。

"生活方式"这个词是阿尔弗雷德·阿德勒创造的，他在20世纪初创立了个体心理学。阿德勒认为，在婴儿早期，我们便开始规划自己的人生，并不断地朝某些特定的目标前进，如果没有这些目标，我们就不知道该怎么办。就如阿德勒所说的那样："如果没有目标，我们就不能思考，不能感受，不能有所行动。"

在他看来，婴儿一出生后便会快速对周围的环境做出判断，并开始形成自己的目标。当然孩子做这些都是无意识的，他可不会在记事本上写下自己的目标，也不会在微信上与朋友分享，但是这些信息都已经存在他的小脑袋里了。阿德勒说："每个人的目标很可能在他出生的头几个月里就已经形成了。在这

_189

几个月里，孩子的某些感觉就会发挥作用，让孩子有喜悦或舒适的反应。这个时候，孩子一生的生活哲学便浮出了水面，虽然还只是雏形。"

你可能会疑惑，这其中就没有遗传因素的作用吗？难道孩子学到的一切都只是受他（她）所处的环境影响吗？问得好！长期以来，心理学家们一直都在探究到底是遗传还是环境对人的影响最大。根据阿尔弗雷德·阿德勒的弟子鲁道夫·德雷克斯的说法，孩子在成长过程中会受到遗传和环境的双重影响，从他的生长环境中（主要是家庭环境），他会慢慢发现自己的优势和弱点，当他从自己的经历中找出有利因素和不利因素时，他的性格便开始形成了。

婴儿在成长和追求最初目标的过程中，就已经开始形成阿德勒所说的生活方式了。每个孩子生来就想要被关注，所以他的最初目标就是希望通过某种方式去获得关注。当孩子试图去获得关注的时候，不论是积极的还是消极的，如果结果不是他想要的，那么他便会受挫，转而奔向另一个目标：获得力量。如果他想要变得强大的愿望（如控制自己的父母）再次落空，那他便会再次受挫，于是接下来的目标便是去进行报复。

获得关注、变得强大及进行报复是孩子行为表现的三大基本动机。大多数孩子主要会专注在获得关注和变得强大这两个阶段上，很少会有孩子走上报复这一步，走到这一步的孩子其最终下场基本上就是进监狱或其他惩戒机构。

孩子在追求目标的过程中会形成独特的生活方式，与此同时，生活主线也应运而生。心理学上对生活主线（有些咨询者称为生活主旋律）的完整定义有些复杂，一时半会儿很难说清。但简单来说，生活主线其实可以说是一个人的座右铭或想法，你每天都会下意识重复并对此坚信不疑。要是你还不相信你有生活主线，你可以回顾一下你一周、一月或是一年中的所作所为，这样你就会找到那个在你日常生活中反复出现的生活主线了。

一个人的生活主线总是与自我形象和自我价值息息相关的。我喜欢用"只有当……的时候，我才有价值"这一填空题来描述一个人的生活主线，看你所填的内容，我就能了解你的生活方式，并且对你的出生次序也能猜出大概。

或许你的生活主线本身就是一个错误，至少并不完全正确，但它并不会决定你的一切，因为你有能力去改变它，去弥补或战胜你的弱点，并发挥你的优点。

控制者和取悦者

虽说每个人的生活方式从某种程度上来讲都与别人不一样,但是大部分人还是能在广义的分类中找到自己的影子。在找我咨询的人中,最多的分类当属控制者和取悦者,所以我们先来看看这两种生活方式的人。然后我们再来说说其他的生活方式,如受虐者、受害者、寻求关注者及强迫者。

控制者

控制者往往是非常强势有力的人,他们之所以要控制别人一般出于两种动机:权力和恐惧。通常情况下,家里的老大往往要照顾下面的弟弟妹妹,因而他们对于权力的渴望常常驱使他们去控制一切事和人。什么事都逃不过他们的火眼金睛,任何和他们打交道的人都难逃他们的掌控。另一类控制者则是出于恐惧,这类人往往戒备心十足,为了防止被他人控制,他们就会先下手为强。

与控制者打交道时,最好保持一个手臂的距离,这样他们才会觉得舒服。他们之所以不愿意与人过于亲密,就是为了免受他人的控制。这样一来,控制者害怕死亡也就不足为奇了,因为死亡是他们最不能控制的事。

控制者的另一个特点(注意,这里提到的每一个特征可能并不适用于所有控制者)便是为人严苛,爱挑剔,凡事都追求完美。他们总是想要清除生活中的障碍,并老是强迫周围的人跟他一样。控制者总是希望生活中每件事都是对的,他喜欢争吵,而且很少输。

别以为控制者好像很自信,很有进取心,要知道,他们也有可能会非常情绪化，没有安全感，十分内向。他们可能会用眼泪或是发脾气来控制他人，尤其是他们的家人。凭借这样的手段，他们往往都能达到目的，获得想要的权力。

有些控制者脾气暴躁、歇斯底里，而有些控制者表面上看起来心平气和，甚至是爱意绵绵，内心里实则波涛暗涌。一个控制欲极强的母亲会通过对家里每个人嘘寒问暖来实现对家庭的控制，而父亲则会通过沉默来实现自己的控制，他不表态，家里人就会如履薄冰。

取悦者

通常情况下，温顺的老大往往会扮演取悦者的角色，取悦者的态度与控制者的态度截然相反。你可能也猜到了这一点，控制者通常会和取悦者结为夫妇，我们这就来看看这是怎么一番情形。

取悦者之所以要去取悦他人，是因为他们渴望博得所有人的好感。他们总是不遗余力地让生活风平浪静，以此获得他人的认可，尤其是家里人的认可。

取悦者往往自我感觉不好，这就是他们总是要尽力让别人高兴的原因。在他们看来，一个人的价值是体现在他所做的事上面的，而不是人本身。生活中，他们总是戴着面具，就算不同意你的看法，他们也不会表现出来，而是一如既往地点头、微笑。为此，他们往往对自己充满愤恨，怪自己没有胆量说出来。

取悦者很少会表达自己的真实想法，在他们看来，这无异于是一种反对，所以他们还是更愿意顺着别人的想法说。在人际交往

取悦者的生活主线

"只有当我把所有事情都安排顺当的时候，我才有价值。"

"只有当每个人都喜欢我的时候，我才有价值。"

"只有当大家都赞赏我的时候，我才有价值。"

"只要当我把其他人放在第一位的时候，我才有价值。"

中，他们游刃有余，能够读懂他人发出的信号，还懂得如何让别人高兴。

取悦者也可能会成为完美主义者，但是他们追求完美主义的方式跟控制者不一样。他们经常担心自己是不是符合标准，做得够不够好，算不算完美。可以这么说，他们是害怕不完美才成为完美主义者的。

控制者和取悦者往往会结合

在我咨询的人当中，绝大多数人的生活方式是控制者或取悦者，原因很简单。由于相异相吸的因素在作怪，控制者往往会和取悦者结婚，而在实际的生活中，控制者又往往不会给取悦者好日子过。通常情况下，丈夫是控制者，妻子是取悦者。但在有些情况下正好相反，事实上，我认识的美国人当中就有九个丈夫扮演的是取悦者的角色。但是，我才不会告诉你们他们的名字和住址呢！

要想让一个控制型的丈夫来我办公室可不是件容易的事，因为在他看来，问题是出在他妻子身上而不是他，他才没有错呢。但是当这些控制者最终同意来做咨询的时候，他们的真面目很快就会暴露无遗。在与他们的谈话中，他们无时无刻不在表达这样的意思："只有我参与的事才算数……我说了算才行……按照我的想法做才行……"

你的另一半是控制者还是取悦者呢？请完成以下测试题，看看你的答案是什么。

你的另一半是控制者吗？

由于绝大多数的控制者都是男性，所以这里我用的都是"他"。在下面的陈述中，"总是"得4分，"经常"得3分，"有时"得2分，"很少"得1分。

1. 他很挑剔，是个完美主义者，对自己和他人的要求都很苛刻。
2. 即便他说错了话，做出了尴尬的事，他也不会嘲笑自己。
3. 他会用微妙的幽默来贬低他人。
4. 他跟他母亲（或是生活中的其他女性，比如姐妹或上级）的关系不太好（或者很糟糕）。
5. 他会抱怨一些权威人士（老板、老师、牧师甚至政府），说他们"不知道自己到底在干什么"。
6. 他是个十足的竞争者，在运动或者桌牌游戏中他一定要赢才罢休。
7. 不论他的做法巧妙不巧妙，他都会为夫妻俩的生活做安排。
8. 无论是在工作中、委员会中还是在家庭和朋友中，他更愿意掌控一切占据主导地位，而不是任人摆布。
9. 他很难放下面子说"对不起"，遇到困境的时候也会找理由，让自己好过些。
10. 他会发脾气（说话提高嗓门，大声喊叫，骂人）。
11. 他会对你推推搡搡，或是打你，还会摔东西。
12. 他对你的花销极其苛刻，你花的每一分钱都要让你说清楚，而他自己花钱却相当自由。
13. 他不在乎你对性生活的感受，在他看来，性生活是为了满足他的欲望，遂他所愿。
14. 喝酒后（即使喝得不多），他像变了个人似的。
15. 他会为自己的过量饮酒找借口开脱。

以上测试并不是绝对的，但是它能帮助你分析你跟丈夫或未婚夫的关系。

如果你给丈夫打的分为50-60分，那他就是个极度控制者，要改善这种状况，唯一的办法就是让他去接受专业的心理咨询——当然前提是他愿意去。如果你只是订婚，而你的未婚夫得了50-60分，那我劝你还是把戒指还回去，赶紧跑吧。

如果你的丈夫或未婚夫得了40-49分，那他是个典型的控制者，他很有可能会面对现实，愿意去改变自己的情况。

如果你的丈夫或未婚夫得了30-39分，那他的控制欲会比较均衡，他有时会想要掌控一切，有时会灵活处理。

如果你的丈夫或未婚夫得分不超过29分，那你最好重新检查一下你的分数，如果你没算错分，那么恭喜你，你拥有的就是难得的男性取悦者。但也请再仔细看一遍，如果他在10-14题中得分都在2分以上，你可得长个心眼了。这些都表明了他有很强的控制欲，甚至想用暴力和虐待来主导你的生活。

你的另一半是取悦者吗？

由于绝大多数的取悦者都是女性，所以这里我用的都是"她"。在下面的陈述中，"总是"得4分，"经常"得3分，"有时"得2分，"很少"得1分。

1．为了让大家高兴，她做事都很小心。
2．她很疑惑为什么自己做事总是做不对。
3．她缺乏自信心，没有安全感。
4．她的父亲很专横。
5．她避免与他人发生争吵，因为她觉得"不值得"。
6．她会常说"我本应该……"或"我应该……"。
7．她觉得自己被另一半甚至是孩子给压倒了。
8．她很少能得到别人的喜爱。
9．她想去隐藏或是逃避生活中的烦恼。
10．别人（尤其是家里人）知道如何让她感到愧疚。
11．即便心里一百个不愿意，她表面上还是会佯装同意。
12．她很容易被别人说服，她会对最后一个和她说话的人言听计从。
13．她害怕尝试新的东西，不愿去冒险。
14．她不愿去为自己争取权利，也不想去带头做什么，这会让她感到难堪。
15．另一半或者孩子很少尊重她。

以上测试并不是绝对的，但是它能帮助你分析你跟妻子或未婚妻的关系。
如果你的妻子或未婚妻得了50-60分，那她就是个极度取悦者，很容易任人摆布。那么问题来了，谁会是她生活中的控制者呢？那个人是你吗？
如果你的妻子或未婚妻得了40-49分，那她是个性情压抑的取悦者，要是她愿意采取行动直面控制者，那她这种情况还是颇有希望改善的。
如果你的妻子或未婚妻得了30-39分，那她则是轻度取悦者。在生活中，她积极的一面大于消极的一面，但她还是希望得到更多的尊重，尤其是家里人的尊重。
如果你的妻子或未婚妻得分不超过29分，那她则属于"积极取悦者"一类。她能很好地应对自己的天性，在被爱、支持与尊重之间找到平衡。

给控制者和取悦者夫妻组合的建议

如果你的家庭中正被控制者或取悦者的问题困扰，以下是我的一些建议：

1. 如果你和控制者结了婚，你要做好心理准备，你要做的可不是去改变他。我经常对夫妻俩说："要想和控制者硬碰硬，那可真是吃了熊心豹子胆了。"也就是说，你得从自己身上下手，改变自己的行为和处理方式，让对方决定要不要改变。

2. 如果你和控制者结了婚，你不要灰心丧气，一定要积极面对，但是千万不要陷入控制者的游戏中。你要选择一种适合的方式拒绝受控制，态度一定要坚决。如果你能抓住控制者的手，让他无从下手，等他发现自己再也得不到自己想要的效果的时候，他就不得不去改变了。关键是要让控制者认识到，他想控制自己没问题，但是如果想要控制家里的其他人，那可没那么容易。

3. 如果你是个爱大吼大叫的控制者，那就对着墙角去发泄你的想法吧。如果你对别人说话的时候很难控制自己的情绪，往往对自己说的时候就好多了，说话的方式也更容易让人接受，慢慢地也就可以用同样的方式跟另一半交流了。（如果你的控制欲已经到了谩骂和伤害身体的地步，赶紧去专业的心理治疗师那接受治疗吧。）

4. 如果你的目标是追求完美，那你的生活注定失意，因为你永远都不能达到目标。你的追求是无望的，不会有最终结果的。你必须鼓足勇气接受你和你的另一半，你们都不是完美的人，还需要去不断学习，不断成长，不断做出改变。

5. 别试图控制一切，这是不可能的，也是徒劳无功的。要想拥有健康美满的婚姻，要想两人真正长久地在一起，就必须给予对方足够的自由去做自己的事情。

受虐者等其他类型

每个人都有其独特的生活方式，大致可以分为几类。除了控制者和取悦者这两类，还有其他一些描述性的标签，有些人的标签还不止一个。比如，取悦者同时还有可能是"受虐者"或"受害者"，因为他们总是想要去取悦别人以获得别人的赞同。

受虐者对自己的感觉极度不自信，他们找的人（主要是配偶）也往往能让他们的自我形象变得更加糟糕。

对于受虐者而言，他们总是能找到一些不怎么样的人来压迫、践踏甚至是虐待自己。这些受虐者最后一般都会嫁给酒鬼，还总是纵容酒鬼丈夫找借口，说他们是出于"爱"才这样的。

受虐者的父亲往往非常严厉，很有占有欲和控制欲，这就使得受虐者在成长过程中慢慢变成了门前的擦鞋垫。受虐型妻子的丈夫往往不干正事，或者抛弃妻子，或者为了别的女人而蠢蠢欲动。原因很简单：受虐者是不值得追求的。擦鞋垫很无聊，用旧了也让人厌倦。

受虐者受苦是有原因的，导火索往往是丈夫在某些方面让她失望了。受虐型的妻子总是为自己的丈夫找借口，发誓说："要站在男人身边共同渡过难关。"——没错，结局往往都很"难"。令人难过的是，我接触过的一些受虐型的妻子所接受到的训诫就是"遵从丈夫"，这样一来，她们那控制型的丈夫就更加堂而皇之地利用她们了。更糟糕的是，这些受虐型的妻子最后都变成了不受尊重、被忽视甚至是被虐待的受害者。

受虐者的近亲便是受害者。受害者的生活主线和受虐者极为相似。受害者或受虐者也可以称为超级取悦者，她们的问题都是一样的——缺乏自尊心。对于受害者和受虐者而言，这方面的问题都非常严重。

受虐者的生活主线

"只有当我遭受痛苦了，我才有价值。"

"只有当我被占便宜了，我才有价值。"

"只有当我被人伤害了，我才有价值。"

很多受害者在向别人抱怨自己的不幸和痛苦时，经常会用"我""我的"这些字眼。她们往往觉得自己被占便宜了，于是通过向他人诉苦，她们得到了自己想要的效果——成为关注的焦点。

还有一些受虐者或受害者并不是为了获得关注，只是这样的生活让她们感到"很习惯、舒服"。某件东西虽然并不十分令人中意，但是由于它令人感到"很习惯、舒服"，也会令人情有独钟。最形象的例子便是我那双又破又烂的拖鞋了。桑德总是想把它们扔掉，因为它们实在是太破了。她想让我穿那双她给我买的或者圣诞节或父亲节孩子们买的新鞋子。

当然，我才不会听她的，每次我都会从垃圾桶里把那双旧拖鞋翻出来，然后她就会发现我又像以前那样穿着那双松垮破旧的拖鞋走来走去了。

她见我屡教不改，很是疑惑："你这是什么意思？你放着那么多漂亮的新鞋子不穿，干吗老穿着你那双破鞋？"

我理所当然回答说："因为我习惯穿它了啊。"

受虐者和受害者所面对的情况就跟我对那双破鞋的情感如出一辙，虽然家人、朋友、同事对她们并不好，但她们照样还是会竭力去维持这种关系，就算有再多的虐待、不受尊重或是被嘲笑，她们都会默默承受，因为至少所有的一切都是令人"习惯的、舒服的"。这种类型的受害者有时就是一个甘愿等待灾难降临的受气筒。

受害者的生活主线

"只有当我被打趴下了，我才有价值。"

"只有当我被虐待了，我才有价值。"

另一种生活方式可以归纳为寻求关注者，他们跟控制者有某种相似之处。当你要去获得别人的关注的时候，在某种程度上你其实是在寻求控制。这种生活方式一般出现在家里的老小身上。他们是家里不屈不挠的"小猎鹰"，总是想尽一切办法去获得别人的关注，因为他们不想活在家里那些"大猎鹰"（哥哥姐姐）的阴影下。

我自己就是个寻求关注者，因为小时候我就明白哥哥姐姐是我无法逾越的大山，所以我就另辟蹊径了。最后我决定做家里的"小丑"，因为这样既容易又有趣。

在我五六岁的时候，我的生活方式就已经定型。（说实话，我也不是特别确定，毕竟那时又没有哪个心理医生来研究过我。）那之后，我便一发不可收拾，可以说，我做的一切都更加坚定了我的信念，我只要变得滑稽可爱，不断制造恶作剧，就能获得大家的注意力。所以我的生活主线是："我必须去逗大家，获得大家的关注才行。"

婚姻中相啮合的生活方式

生活方式和生活主线不一致并不一定就会导致紧张的婚姻关系。有时候，不同生活方式和生活主线的夫妻也能相处融洽，就算一个控制欲极强的老小丈夫和一个爱取悦人、容易相信他人的老大妻子也能生活得很好。

在我和桑德结婚前，我告诉她，莱曼家族有个传统就是妻子要买结婚证。就像我们说的那样，老大的一大特征就是非常愿意去取悦他人，他们可不像老小那样狡猾精明，于是很容易就会被别人占便宜。换句话说，我那个可爱的傻妻子很容易就上当了。

寻求关注者的生活主线

"只有当我娱乐大家并获得了大家的关注的时候，我才有价值。"

"只有当我处在聚光灯下的时候，我才有价值。"

"只有当我是明星的时候，我才有价值。"

"只有当我逗大家笑的时候，我才有价值。"

所以，当我让她出五美元买结婚证的时候，她还觉得这个传统很好呢。我从她手里接过那五美元，放到工作人员的手中，说道："我们家的传统就这样成立了。"

我俩开怀大笑。我们心里都很清楚，当时我正在攻读硕士，身上没有一分钱，而她工作了，有车，是我们家唯一的经济来源。所以当时只能这么做了，现在想起来也还是让人忍俊不禁。那时候我们都从那种生活方式中得到了快乐：我得到了想要的关注，桑德也扮演了想要的取悦者角色。

你的生活方式是什么？

由于篇幅有限，在本章中我只讨论了几种生活方式，实际上还有许多其他的生活方式。强迫者是以目标为导向的人，他们会不惜一切代价去达到自己的目标。他们的生活主线是："我只有达到目标才行。"

另一种我经常遇到的生活方式是寻求合理化者，这类人总会找各种冠冕堂皇的理论、事实和借口来推卸责任。他们的生活主线是："我要找个绝佳的解释才行""我要找个理由来保全自己才行"。

还有一种常见的生活方式就是伪善者，他们是取悦者的近亲。这类人的生活主线是："我只要按规矩办事就行""只要我自己的生活公正就行"。

现在，你对生活方式及生活主线也有了一定的了解，想知道自己是哪种生活方式和生活主线的人，请完成以下测试。你要是能叫上你的另一半一起来做这个测试那就更好了，然后对比一下各自的结果。这样一来，你们在晚餐或是咖啡时光就多了个非常有意思的话题。

你的生活方式和生活主线是什么？

1. 下面哪种说法更符合你的生活方式？如果你感觉自己符合以下多个选项，请再重新思考，然后在最主要、最明显的那个选项上面打个大"X"，最后将你的生活方式写下来，最重要的写在最前面。

控制者_____

完美主义者_____

强迫者_____

取悦者_____

受害者_____

受虐者_____

伪善者_____

寻求关注者_____

寻求合理化者_____

2. 我的生活主线：只有当_____的时候，我才有价值。

3. 根据上面列出的生活方式，衡量一下另一半的生活方式（可以多选，但务必把最符合的那个写在最前面）：_____

4. 根据你对另一半的描述，写出另一半的生活主线：只要当_____的时候，我才有价值。

欺骗性的生活主线会缩短婚姻的寿命

有数据表明，婚姻的平均寿命是7年。如果你和另一半的生活主线过于极端或不健康，那对你们的婚姻来说肯定是非常不利的。为了婚姻能长久持续下去，尽量不要总是将"只有当……的时候，我才有价值"放在心里，而是要换种态度"我有价值，是因为……"。在婚姻中，你的存在是有价值的，因为你要去帮助另一半成熟起来。

如果你坚持认为，只有当一切都在你的掌控之中；只有任何事都完美无瑕；只有他人高兴了；只有获得了别人的关注，你的价值才能得以体现的话，你得知道这其实是在自欺欺人。你的存在本身就是价值，并不是靠你做什么或不做什么而定义的。你要明白，你这是在下意识地欺骗自己，一定要控制住这样的想法。下次等你在工作中、聚会上或是家里感到压抑的时候，一定要冷静下来，理性地问问自己："原来遇到这种情况我是怎么做的？"等你搞清楚了自己以前处理问题的方式和作风后，再问问自己："现在我又会怎么做？"

这可不是什么神奇的良方，能马上见效。但是如果你不断用这种"原来的我"和"现在的我"做比较，你就能慢慢改变自己的生活主线了，你可以理直气壮地说："我就是我，我就是价值本身！"

∥ 生活主线 ∥

以下哪种生活主线更符合你呢？

"只有当我展现自己的时候，我才有价值。"这可能会是一个完美主义者或迫切想要获得关注的人的生活主线，这取决于你对"展现"的定义。完美主义者必须明白人不可能凡事都靠自己，人之所以有价值在于其"身为人"的存在，而不是作为"表演者"做了什么。对于那些想要获得关注的人而言，他们之所以要展现自己其实是为了获得他人的掌声或是奖励。这些自私的行为很容易让人产生挫败感，因为这一类人永远都不会满足！就像是实验室里常年踩踏板的小白鼠，永远都停不下来。

"只有当我赢了的时候，我才有价值"这是"只有当我控制了一切的时候，我才有价值"的另一种说法。换句话说，这种生活方式就是"输-赢"，不是输就是赢。我们总能听到有关成功或是获胜的消息，但是一直用"输-赢"来作为衡量人生的标准其实是非常累人的。我想说的是，赢并不是一切，帮助别人赢会更完整。

"只有当我被人照顾的时候，我才有价值"这其实是"只有当我被人注意了，我才有价值"和"只有当别人关注我了，我才有价值"的混合表述。这是老小典型的生活主线，尤其那些被宠上天，被哥哥们护在手心里的小公主更是这种生活主线的绝佳代言人。

"只有当我做出牺牲了，我才有价值。"这实际上是取悦者主线的变体，是那些身为完美主义者的温顺的老大们的最爱，从小到大，他们可是最听父母的话了。但是在婚姻中，这些取悦者一定要把握好分寸，千万别过分取悦他人，特别是那些跟控制者或极端完美主义者结婚的取悦者尤其要注意这一点。婚姻生活中一定要把握好付出与索取的平衡，如果一个人总是付出，那么双方的关系必定会出现裂痕。

13

如何培养独生子女

//////////////////////////

在一个学前班里，老师递给小艾米丽一把剪刀（当然是没有尖头的那种）和一张亮红色的裁剪纸。艾米丽要做的就是剪一个大大的圆形出来。一开始，她很努力地剪着，而且剪得还不错，但是突然间也不知怎么的，她一把丢掉了剪了一半的圆形。

老师走过来，关切地问道："怎么了，艾米丽？"

"我做不来。"

"我来帮你，来……"

"不！我不想剪了，太傻了！"

老师在一旁叹着气，心中满是疑惑：这个艾米丽到底是怎么了？

其实没什么好奇怪的。艾米丽是家里的老大，她的父母都是非常有能力且自信的人。尽管才刚满5岁，但是艾米丽身上已经表现出了老大和独生子女的一个主要特征，而且很可能她的一生都要背负着这个重担，那就是完美主义。

完美主义

绝大多数的老大和独生子女都是完美主义者，你可能对我的论断不以为然。有的家长跟我说，他们17岁的老大哈伦再也不像以前那样做事认认真真了。事实上，他已经有六个月没有整理他的床铺了。有的家长向我诉苦说，他们的大女儿阿曼达一直都是懒洋洋的，他们不得不把镜子放到她的鼻子底下，凭借镜子上有没有雾气才能确定她是否还活着。她的历史和数学成绩一塌糊涂，在音乐电视和脸书上倒是很上心。

在我看来，哈伦和阿曼达就是完美主义型的老大。我之所以这么判断有两点原因，这两点和我判断还是学龄前儿童的艾米丽是个小小的沮丧型的完美主义者的出发点一样——那就是父亲和母亲。

当你还很小的时候，你就会以比你年长的人为模仿对象，慢慢的你就会想要事事都变得"完美"。为了更好帮助你理解我的意思，我们还是要看看艾米丽在家与她妈妈的情况。在家里，艾米丽必须自己铺床，虽然只有五岁，她做得已经相当不错了。她妈妈进来检查了一下，然后说道："哦，艾米丽，我的宝贝儿，你铺得好极了！"艾米丽高兴坏了，不想她的妈妈又说道："把那些褶子弄平些。"

这给艾米丽传达的是什么讯息呢？"你床铺得不行，还没有达到最好的标准。"怪不得艾米丽因为剪出一个不算完美的圆形就抓狂了。在她眼里，如果她做得不完美，那她就什么都不是了。艾米丽已经露出了沮丧型完美主义者的苗头，要是她的妈妈再这样无休止挑剔下去，那么等到艾米丽长到十几岁，她就会完完全全变成一个沮丧型完美主义者了。

我接触过许多沮丧型完美主义倾向的孩子，这种孩子很好辨认：

就算他们完成了学校的功课，他们也不会交上去，因为他们不确定自己是否全做对了，因此就干脆不交了。

他们会一口气开始很多项目或活动，但是却不能善始善终。

他们害怕任务做得不好，迟迟不肯动手。

他们的父母很有控制欲，非常严格，往往固执己见。

弗兰克与约翰的故事

一提到沮丧型的完美主义者，我脑海里首先蹦出来的便是弗兰克和约翰的脸，这两个年轻人可真是再生动不过的例子了。弗兰克的父亲是家里的独生子，是外科医生，母亲是家里的老大，是护士，由于弗兰克极端的"脾气问题"，他的父母就把他带到了我的办公室，当时他12岁。情况是这样的，如果弗兰克"一天的计划"进行得不顺当的话，他就会变得非常暴躁。大多数12岁的孩子连15分钟的计划都做不好，更别说一整天的了，但是弗兰克就能，这一点和他那计划紧凑、严谨的医生父亲脱不了干系。

顺便提一下，弗兰克并不是独生子，他还有个比他大7岁的哥哥。这样一来，由于有了一定的年龄差距，父母又都是非常有能力的职业人士，因此弗兰克身上理所当然就能看到一些老大的影子。

事实上，弗兰克和同龄的孩子很难相处，这是典型的独生子的特征。但是问题可不那么简单，弗兰克和所有人都相处不好。他的朋友们对他的计划一点都不在乎，但是如果弗兰克一天的计划进展不顺利的话，他就会乱发脾气，甚至是到处找人打架。在家里，如果有人打乱了他的计划，他就会歇斯底里，到处乱踢乱扔，把家里的墙弄得千疮百孔，有一次甚至要把家里的狗弄伤。

弗兰克是个非常严谨的孩子，他对自己的行为很是懊恼，明知道这样不对，但是由于深陷在完美主义的泥淖里，他也控制不住自己。在给他做咨询的时候，我对他说，每个人都会犯错误，都会失败，就算是打出714次全垒打的贝比·鲁斯也经历过1330次出局呢。但是，要想改善弗兰克的情况，关键在于他的父亲，好在他的父亲已经有了反省自己并接受自己竭力隐藏的错误与不完美的勇气和意识。

弗兰克在很多方面还是一个完美主义者，但是至少现在他能控制自己的脾气了，因为他明白他无法控制一切，最重要的是，他不必让自己变得完美以迎合父亲的期待和爱。

对了，差点把约翰给忘了，那么他又是什么情况呢？实际上我并没有给约翰做过咨询，我连见都没见过他，那时我还只是亚利桑那大学的学生家务助理。但是，他的履历我还是能看到的。他在大学期间门门功课都是A，就在要拿着最高荣誉从亚利桑那大学毕业的时候，他自杀了，他在遗书中这样写道："在这个世界我无法达到标准，希望在另一个世界我能成功。"

想要和父母一样

过分追求完美主义会导致很严重的后果，就像约翰这个例子。很多人之所以会与完美主义纠缠不清，其实是因为他们想要赶上自己的爸爸妈妈（父母本身可能并不是完美主义者）。需要注意的是，并不是因为弗兰克的父母是医生和护士，才导致弗兰克变成一个沮丧型的完美主义者，导火索其实是他的父母过于有能力和爱心。我们再来看看之前提到过的哈伦和阿曼达。他们的父母可不是在孩子一生下来的时候就预谋将孩子培养成一个沮丧型的完美主义者的，他们可是准备好做有爱、有能力的父母了。怎么做？很简单。

在一岁的时候，老大就会把爸爸妈妈作为榜样，并且在心里默默形成了"想要跟他们一样"的想法。这其中就包括想要和他们一样有能力，这对于一个小孩子而言显然是不可能的。所以当哈伦和阿曼达长大后，他们的行为举止虽然看起来并不像完美主义者，但他们却是沮丧型的完美主义者。慵懒和贫穷的学生往往会变成那些轻言放弃的沮丧型完美主义者，因为对他们而言，失败实在是太伤人了。

倘若父母对老大过于关爱，那么老大们就更想去追寻父母的脚步了。父母对于老大过于保护，也会不自觉地驱使孩子去完成很多事情（不管是不是在孩子的能力范围内）。这也就难怪老大们走路说话都要比别的出生次序的孩子要早，因此，老大们和独生子女们在成长过程中一直就是一副"小大人"的姿态。

我经常用"早熟"这个词来形容老大和独生子女。在字典中，"早熟"的意思是：过早地发展或成熟，尤其在思想方面。老大和独生子女就是这样的情况，在模仿父母的过程中，他们不自觉地就形成了一副"大人"的气场。在一系列的"大人行为"中，有一部分表现就是他们会对权力十分服从，以此来取悦两位关键的权力人物——爸爸和妈妈。

被废黜的伤痛

老大们不仅要和完美主义做斗争，随着家里老二的来临，他们还要经历被"废黜"的伤痛。在孩子们眼中，老大在很长一段时间里都是家里的焦点。在第12章中，我也提到过，每个孩子的生活方式在5岁左右就已经形成了。因此，要是父母在老大3岁之前还没有要老二，那么老大在迎来家里的"入侵者"时他们的生活方式就已经形成的概率有60%。这种生活方式让老大们知道，他们才是家里的主要人物。所以说父母们最艰巨的任务就是让老大准备好老二的到来。

对于父母要第二个孩子，我的建议是鼓励老大把自己最宝贵的玩具藏到一个"小婴儿发现不了的"安全之地。与此同时，还要让老大自己决定要把哪些玩具拿出来给弟弟妹妹玩。最后，一定要向老大表示弟弟妹妹出生之后，爸爸妈妈会一碗水端平，对老大的爱绝不会减少。

当老二从医院回来之后，老大就会渐渐明白，他不是过客，而是要一直长住下去的。为了安抚老大的情绪，一个很好的方法就是让老大参与到照顾孩子的行列中来。如果可以的话，可以让老大帮忙喂孩子或换尿布。当然，老大换的尿布可能歪歪扭扭，但是在这个节骨眼，你可千万要抑制住自己想要去调整的冲动。还有一个办法是向老大强调婴儿的弱小："小宝宝不会抓球，不会走路，不会说话，他什么都做不了。"

在上床睡觉的时间，告诉3岁的老大，他（她）不用那么早就上床睡觉，可以和爸爸妈妈一起再待一会儿。

废黜可不是个小问题

不论你怎么去帮助老大做调整，你一定要明白，新生儿的到来确实会对老大造成很大的困扰。他（她）会情不自禁地想："为什么？是我不够好吗？"老大和老二之间天生就存在竞争，这种竞争可能一开始不是很明显，但这是无法避免的，迟早会发生。

在克莉丝刚出生的时候，我母亲给我们一家四口录了8段录像，现在每每看到这些录像的时候，我和桑德还是会很诧异。当时录像的时候，我们都没注意到（我的母亲也没注意到），18个月大的霍莉一脸笑意，却将胳膊肘抵在小克莉丝的肚子上。

我们拿到这些录像的时候，心情很是复杂。霍莉这个小动作很是可爱，但是这也反映出：老大觉得自己要被打入冷宫了，于是暗地里做些小动作以期望重新获得父母的关注。

老大这种自然而然的自私倾向对于孩子来说其实是一种自我保护的生存意识。所以，为了防止老大自私的表现，当家里来了新的家庭成员的时候，家长们有必要给老大"特殊待遇"以达到平衡。但是千万不要被老大牵着鼻子走，以此来获得你的优待或是宠爱。一定不要因为孩子闹脾气或是抹眼泪了就服软，如有必要就把老大先孤立起来，过段时间再跟他（她）谈。

如果你惩罚老大了，事后一定要"打个巴掌给个甜枣"，要拥抱、抚摸他（她），跟他（她）强调老大的优势，因为他（她）比弟弟妹妹们能干多了。一定要列举一些老大能做而小婴儿不能做的事，这样一来，老大就会觉得自己比小婴儿更大、更强壮、更有能力，因而就会更加善于协作，也能更加容易地度过废黜危机。

但是，当你向老大灌输"他们更大、更强壮、更聪明"这样的想法的时候，千万要把握好其中的度，别一不留神就误导孩子，让他们认同"凡事追求完美"。在老二来临前，老大通过观察你、模仿你，已经在追求完美主义的道路上前进了2-3年。这时候，当你一个劲地传达"他们要比小婴儿更强壮"的时候，一定也要告诉他们"人无完人"，每个人都会犯错，没有人能达到完美的巅峰。

需要注意的是，如果老大的位置真的被老二抢了，那么像权力和权威这类问题就变得很重要了。他会不来吃早饭，还会说："我才是老大，快把爆米花给我。"他的小脑袋里可是十分明白权力和权威的含义。阿尔弗雷德·阿德勒强调了权力斗争的重要性，在弟弟妹妹出生之前，他们享有自己的权力和王国，但是弟弟妹妹出生之后就完全不一样了。因此，在老大长大成人的过程中，他（她）就会过分强调法律法规的重要性。换言之，老大会严格遵守规则，不容许任何偏差。

那个挥霍无度的浪子的故事就是很好的例子。这个浪子是家里的老小，在得到他那一份财产之后，没多久便全部挥霍光了，而他的哥哥（长子）老老实实地待在家里，一如既往地在田里耕作。当这个浪子最终醒悟回到家里的时候，他的父亲热烈地欢迎他的归来，还给了他一头小肥牛和一枚金戒指（要是放在今天，这个父亲肯定会给这个小儿子买辆野马牌敞篷跑车）。

在田里耕作的大儿子自然会听到动静，于是他马不停蹄地跑回家一看究竟。当他搞清楚了状况就暴怒起来。对于这个一事无成、吊儿郎当的弟弟，父亲竟然开了个大欢迎会，作为家里的老大，他又得到了什么？哪怕是一个小小的聚会，他父亲都没给他办过！公平何在？

但是，这位父亲认为自己是十分公平的，只是对待每个孩子的方式不同罢了。他指出，老大一直都在家里跟着他，他所拥有的一切都是老大的。但是对于急需关爱和理解的小儿子，如今他"浪子回头"了，难道就不应该好好庆祝一番吗？

我们必须要明白，父母一般会对老大严格要求，给他（她）设下许多规矩，但是对于后出生的孩子却不一样，这是无可避免的状况。毕竟，初为父母的爸爸妈妈总是希望在第一个孩子的教育上"不出差错"，为了达到这一点，他们必须对老大严加管教。一直以来我都在强调，父母一定要做权威型的父母——对孩子要公平有爱，但也坚持自己的一贯原则。权威型的父母介于放任型和专制型（专制型的父母过于严苛，对孩子设立太多的条条框框）之间。

要是能重来就好了

就算是拥有博士学位的心理学家也不得不承认，理论和实践之间是有很大差别的。有时会有人问我："现在回过头想想你对孩子的教养，你有没有什么遗憾？如果能重来，你会怎么做？"

这真是个好问题。如果时光真能倒流，对于家里那个好胜、固执的完美主义者霍莉，我一定会换种方式对待。

在前面的章节中我提到过，父母对待跟自己一样出生次序的孩子，方式可谓五花八门。在我们家，我对于后面几个出生的孩子比较宠溺，尤其是对儿子凯文。当家里只有霍莉和克莉丝的时候，我也会比较照顾小一点的克莉丝。姐姐这会儿还在为地位被抢耿耿于怀，于是总想着在各方面竞争，因此克莉丝难免会经常受到姐姐的取笑和打压，这样一来，我就会对克莉丝更加偏袒，对于霍莉就有些过分了。

当然，我这么做也有正当的理由，作为一个年轻的父亲，看到姐妹俩如此斗争，我怎么能坐视不管！其实大部分的竞争都是霍莉挑起的（我们又回到老大被废黜的问题上来了）。霍莉在录影短片中向克莉丝"甩胳膊"仅仅只是个开始，从那以后，她就开始管制起克莉丝的生活来了。

我们有一盘磁带就记录着霍莉抢夺克莉丝玩具的过程，霍莉抢了克莉丝的玩具后还振振有词："你不想玩这个，你玩那个。"霍莉所说的"那个"指的是一个破旧的、会蹦跳的橡胶青蛙。

说到钱的时候，霍莉会不断地告诉克莉丝："这些大的硬币（五分）要比那些小的（一角）值钱多了。"

克莉丝再大点的时候，霍莉的这些招数就不再管用了。听到克莉丝在向霍莉抗议的时候，我都会赶过来训斥霍莉，因为我觉得霍莉应该有个姐姐的样子，应该"更明白事理"一些。但是现在我可以肯定，其实很多时候都是克莉丝在耍花招陷害姐姐，那些花招老大根本就不会使。

但是不得不承认，那时候克莉丝可真是骗过了我，毕竟当时她是老小，谁会认为老小是错的呢？于是我就会狠狠地批评霍莉："霍莉，那是小克莉丝的。你自己有！快放手。"

有时霍莉确实太过分了（我认为），我甚至会把她赶回自己屋里待着。我那样做是出于专制的完美主义吗？那可不是。我之所以这样做是因为看不过老小被大孩子占便宜，毕竟我也是过来人，没少受哥哥杰克（有时候甚至是姐姐莎莉）的欺负，可不希望克莉丝也步我的后尘。

现在回想起来，我意识到，当两姐妹打架争吵的时候，我应该公事公办，对她们两人都要管束。毕竟一个巴掌拍不响。

专制造就沮丧型完美主义者

很多人经常问我，专制和放纵这两种教育方式到底哪种产生的危害更大。这个我可说不好。但是在我看来，在父母专制的教育方式下，不能满足父母要求和期望的孩子很容易就会变成沮丧型的完美主义者。

14岁的尼克尔就是很好的例子。她因为逃课和吸食大麻已经被学校勒令休学了，她的父母就把她带到了我这里，希望我治治她的"反叛"。

我和尼克尔单独谈了一下，很快就发现她过得很不自由，就算已经14岁了，她还不能自己做决定。不论是穿着打扮、进进出出还是吃饭睡觉，她的父母什么都要管。听她讲述的时候，我感觉她就像是住在少管所似的。这样一来，为了能和小伙伴们出去玩耍，她就开始撒谎，逮住机会就会从家里溜走，并且还学会了喝酒、吸毒，成天在学校里和男生鬼混。尼克尔有自己的算盘，那就是18岁的时候，她就离开这个家，买辆车，跟父母决裂。

尼克尔是家里的老大，下面还有个11岁的妹妹和8岁的弟弟。她的妈妈是个极端完美主义者，总是把家里收拾得井井有条，容不得半点灰尘。有趣的是，尼克尔一直把自己的房间收拾得干干净净的，但这仅仅只是一种掩饰，用的是投其所好的策略。

一开始我们并没有什么进展，后来我将目光锁定在了尼克尔的父母身上，尼克尔之所以会害怕向父母吐露心声，其实是迫于父母的专制主义——她害怕受到严厉的惩罚，甚至是被永远赶出家门。

幸运的是，尼克尔的父母听取了我的意见，所以我们取得了一些进展。六周之后，尼克尔写了一封回信，报告了接受咨询后所取得的乐观进展，她说："爸爸妈妈给了我更大的个人空间，我也用不着向他们撒谎了。现在我对他们很坦诚，这样的感觉好极了……"

尼克尔的这个例子说明，老大在成长过程中会观察并模仿父母的一言一行。但这并不是长久的现象。当老大长大后，专制的教育方式会导致适得其反的效果——老大会变成沮丧型完美主义者，行为会变得过火、无常（其实是为了获得帮助）。

尼克尔的这个例子也说明，父母不能因为老大没有遵守规矩就认为他们不是完美主义者。相反，许多老大骨子里是名副其实的完美主义者，他们之所以会违反很多规矩，是因为他们不能很好地处理生活罢了。

挑剔的超级父母

让我们面对现实吧。在教育孩子方面有许多东西可以参考。如果父母想要加以利用，实际上有数不胜数的图书、文章、小册子、录音带、电影和光盘能为你所用，教你如何成为超级父母。我很清楚，有时候我说话的腔调跟其他专家一样一样的：

千万不要这么做；千万要这样做。
别光说不做，行动要快。
按照自己的原则行事时要果敢有力。
做事要一步到位，对孩子要关心爱护，要考虑孩子的感受。

要是我给大家留下了这样的印象，我道歉。实际上，我认为我们并不需要超级父母，尤其是老大和独生子女更是不想要超级父母。要知道，在模仿父母的一举一动中，竭力追求完美的他们已经吃尽了苦头，要是再摊上个超级父母，那可真是雪上加霜。在孩子的脑袋里，父母就是巨人，永远不会犯错。我从不相信在这个世上会有父母从不犯错，但是有许多家长拒绝承认自己犯错啊！

完美主义的骗术

不得不承认，我们所处的这个社会中其实到处都是爱挑剔、不满足的人。不信你听听广播、翻翻报纸，你总能找到这样的例子：一个孩子拿着成绩单回家，成绩单上有4个A，一个B。你猜这个挑剔的父亲怎么说，他说："还行，虽然这个B很糟糕。"要变得挑剔是十分容易的事，即使出发点是积极的。还记得艾米丽的妈妈吗？她并没有朝孩子大喊大叫，而是在艾米丽铺好床后，十分友好地帮艾米丽重新铺了床。

那么，我要问你了：你自己完美吗？你做的每件事都是完美的吗？如果不是，那你为什么非要给你的孩子套上完美主义的枷锁？难道你就没做过什么愚蠢好笑的事情吗？你费尽精力做的事情就一定会成功吗？

作为父母，与其追求遥不可及的完美，倒不如对自己和孩子宽容些，凡事都力求竭尽所能，不断追求进步。（还记得我们第6章中所比较的追求完美和追求不断进步的区别吗？）所以，孩子尽力就行了，千万不要再给他们施压，逼迫他们去追求不可能实现的完美主义了。

在教育孩子方面，你的字典里有没有"原谅"二字呢？你是否能坦然原谅孩子所犯的错误或做的愚蠢的事呢？耶稣告诫彼得说，他应该原谅别人77次，其实耶稣表达的意思就是："要多多原谅别人。"对于那些目光挑剔、永远要追求完美主义的父母们来说，他们更应该学会如何去原谅孩子。作为父母，当孩子犯错时，你要表现出友好又礼貌的样子，千万别将你的完美主义的意愿强加在孩子身上。试想，当你将自己的意愿强加在孩子身上的时候，你所传达的讯息是原谅他们的错误呢，还是打着帮助的名义审视他们呢？

要学会原谅他人，最好的方式就是自身要勇于承认错误，并有去寻求他人原谅的习惯。在你3岁的老大或独生子女面前，你有没有说过，"我搞砸了""我做错了""我忘记了""真是对不起"？在你13岁的孩子面前，你有没有经常传达出这样的歉意？很多家长很反感这样的话，尤其是对于自身也是老大或独生子女的家长而言更是如此。

要是在某种程度上你意识到了自己挑剔的毛病，那你该怎么办呢？你可千万别轻松地承认错误，并发誓自己再也不会去挑刺，在我看来，那是无济于事的，因为到头来你还是会走上老路的。要知道，凡事挑剔就是你的本性，它是深入你骨子里的生活方式，哪有那么容易说改就改？

那么，你该怎么做呢？当你意识到了自己踏上了完美主义的不归路，一定要马上停下来，改变前进的方向。你要去勇敢地请求孩子的原谅，并请求自己的原谅（这也许是最难的部分）。如果你有自己的信仰，你可以向上帝祷告，请求上帝赐予你力量，帮助你放弃对完美的追求，取而代之的是对进步的追求。

一定记住，所有的孩子更需要的是鼓励而不是刺激。当孩子遇到问题的时候，要学着抱着他们并安抚道："没事，一切都会好起来的。遇到什么麻烦了？需要我的帮助吗？"

还记得那个因为剪不好圆形便暴躁起来的五岁小女孩艾米丽吗？她是个沮丧型的完美主义者。顺便提一下，这个艾米丽长大后变成了一位崇尚完美主义的职业女性，每天除了工作，她还包揽下家里所有的家务，而她的丈夫却连帮都不帮一下。终于，她忍无可忍了。于是就带着丈夫来找我了。我试着向她解释了她的情况，并告诉她说，要是她的父母在她剪出"不完美的圆形"的时候能够坦然接受并安抚她说："这不容易，我自己都剪不圆呢。我像你这么大的时候还没你剪得好呢。"那她的情况就会好得多了。也就是说，在孩子还小的时候，就要开始向他们灌输"追求进步，而不是追求完美"的理念。

看看下面这个经典场面：4岁的孩子老是把玩具乱扔，把房间搞得乱糟糟的，妈妈对此已经厌倦了，于是就要孩子自己去收拾。但是问题来了。对于4岁的孩子来说，这项任务实在是太艰巨了。房间里到处都是玩具、书本、蜡笔和拼图，他该从哪里下手呢？

要是你不跟他进屋去看着他收拾，他永远都收拾不好。你可以坐在屋里，对他说："这里应该收拾收拾了，对吧？你收拾你的，我来和你讲讲我们晚饭后要干吗去。"这样一来，孩子在你的监督下，至少能收拾一部分。对于孩子来说，要想把东西都收拾得井井有条可不是一件容易的事，你可以帮他干点儿，但是你可千万别把大部分活都干了。

你要做的就是鼓励孩子去收拾屋子，并教他该如何去整理蜡笔、拼图和玩具等，关键是要让孩子自己来动手。要是孩子做得不对或是不够好，不要训斥他，而是要来到他的身边，稍微搭把手。记住：一定要坦然面对不完美。（至少现在的屋子要比先前干净整洁多了。）

对于那些凡事都追求完美主义的父母来说，他们最大的冲动就是向孩子传达这样的讯息："孩子，你得不断努力，你必须做到绝对完美，否则我不会满意的。"

我并不是提倡让孩子粗心对待手中的事情或是一点活儿也不干。基于现实的原则，我们必须要让孩子为自己的行为负责。但是，这并不意味着你就能要求孩子必须是完美的。别再抓着你的完美主义信条不放了。或许你可以让他整理自己的床铺。但是对于4岁的孩子来说，这个年纪整理床铺实在是太早了，你可以帮助他，但是他能做的一定要让他做，如果被子上有褶皱，你就不要再替他重新铺一遍了，你要做的是祝贺他成功铺好了床。要是他铺的床实在是惨不忍睹，而且他好像还把玩具卡车叠到了被子里，那该怎么办呢？很简单，你可以关上门，眼不见为净。

你要学会变通，尽量不要对孩子发号施令，要学着去帮孩子做事情。记住，你是孩子的榜样，不是什么警官也不是什么监事。我和家长们谈论榜样的时候，很少有家长能真正理解我的意思。我并不是说，作为家长，你必须给孩子树立一个好的榜样，而是说，对于孩子们而言，尤其是家里的老大和独生子女而言，你的任务可不仅仅是成为榜样那么简单。对于老大和独生子女来说，他们没有哥哥姐姐供他们模仿，你就是他们的模仿对象，在他们眼中你就是一个完美的存在！所以，在孩子的成长过程中，你要让他（她）明白，你也是人，你能理解他（她）的感受，毕竟人无完人，犯错误在所难免，就算犯了错也不等于世界末日。换言之：要表现自己的不完美！

每次你这么做的时候，老大或独生子女们对于完美的渴求就会慢慢减弱，他们就会放松自己的神经，降低自己的期望，毕竟完美是不可能实现的。

对于如何向孩子展现你的不完美，我觉得你可以时不时地让孩子来帮你的忙。我不是说只是让孩子帮忙照顾婴儿或是干点简单的家务之类，我的意思要更深一层，你可以问孩子这样的问题："可以帮我想想今晚我们该吃什么吗？""你觉得我该把花放在哪里呢？""你觉得你妹妹这么大能玩这个游戏吗？"

在让孩子帮忙决定晚餐吃什么的时候，最好给予孩子一定的参考，比如说你可以问问他是喜欢鸡块还是鱼肉，否则的话，他指不定会想出什么五花八门的答案，比如说黄油花生三明治、奥利奥饼干、冰淇淋之类的，这可不是你想要的答案。你可以给他一些甜点范围供他选择，但是一定要确保这些甜点是每个人都喜欢的，这样一来，不管他怎么选择，都是不会出错的。

记住，你是个新手，所有的这些你都得慢慢来，是孩子都会犯错——父母们也一样。所以不要一心想把孩子打造成世上第一个完美的小孩，我向你保证：这是不可能的。我就没有成功，我的父母也没有成功，没有人会成功。

关于如何养育家里的老大和独生子女，请参考以下一些建议。

// 养育老大和独生子女的8大建议 //

1. 在管教老大时，千万不要用"你应该"来加强他追求完美主义的心。事实上，对家里任何人说"你应该……"都不是明智之举，尤其是对你家老大而言，这就像是在公牛面前挥舞红旗。老大已经对自己十分苛刻了，你再这样说的话，对他（她）来说就是双重打击。首先，他会因此产生怨恨的情绪；其次，他的自尊心会受挫，毕竟他已经很努力了，你再这么不给面子，他很有可能因为心里受不了而一蹶不振。

2. 对老大或独生子女所说的话及所做的事，不要总是想着去"改进"，你这样做无疑是在加深他（她）骨子里对于完美主义的追求。

无论孩子做了什么，无论被子铺得整不整齐，房间打扫得干不干净，你都要接受。如果你忍不住重新做，那么你向孩子传达的信息就是：你还不达标。

3．老大需要明确知道规矩范围。你一定要耐心地将所有事情都给孩子说清楚。

4．要承认老大在家里的地位。作为家里最大的孩子，老大应该得到一些特权，这样一来他们才愿意去承担更多的责任。

5．不能忽视陪伴老大的时间，父母可以带老大单独出去。老大比其他出生次序的孩子更珍惜父母的陪伴。老大时常会觉得父母并不重视他们，因为父母把大部分时间都花在了弟弟妹妹身上。所以一定要花心思给予老大应有的陪伴，可以带他（她）出去吃个饭或是一起做些特别的事。

6．不要想当然地要老大去照顾弟弟妹妹，至少事先得问问他（她）那个时候有没有自己的计划，可不可以帮忙照看孩子。

7．随着老大年龄的增长，不要将责任一股脑儿都堆在老大身上。可以把责任分配给其他孩子，让他们分担着干些力所能及的事。在一个研讨会上，有个老大跟我说："在家里我就是个垃圾桶。"他的意思是，在家里他什么都要干，但是弟弟妹妹们却逍遥自在极了。

8．当老大给你阅读文章的时候，如果他（她）读错了一个字，千万别马上跳出来纠正他（她）。老大对于批评及纠正是极其敏感的。你要让他（她）自己去发现问题，当他（她）问起的时候你再去纠正会比较好。

14

二孩家庭如何培养孩子

/////////////////////////////

有一次，我和桑德决定带着25岁的女儿霍莉外出吃晚饭。当时就只有我们三个。点完菜后，我们都在椅子上坐好了，霍莉笑着说："就应该这样子！"

我和桑德哄然大笑，因为我们都知道霍莉说这话的意思。虽然已经25岁了，她还是不觉得有兄弟姐妹是一件甜蜜轻松的事情，尤其是对于将她从皇位上拉下来的老二克莉丝，她仍然耿耿于怀，但是至少今晚，她可以完全拥有爸爸妈妈！

老二带来的竞争

教育老大时要防止他们变成沮丧型完美主义者，而对于老二的教育，则要分外小心孩子之间的竞争心理了。随着老二的到来，老大的地位难免受到影响，站在山峰高处的老大不得不和这个"入侵者"分享山上风光，这时候，孩子之间的竞争便悄然而生。如今，越来越多的家庭都选择要两个孩子，所以我们有必要将目光放在二孩家庭的教育上。

在我看来，老大和老二的关系就像汽车租赁公司赫兹和安飞士之间的关系。虽然这个比喻并不是十分恰当，但至少在安飞士想要废黜赫兹这一点上是十分像老大老二之间的关系的。那么老大和老二之间是怎么竞争的呢？当然是不断努力了。当老二抬头仰望顶端的老大时，他们会不断努力地到达那里。就像安飞士用了好多年的口号那样："如果你是老二，你就得更加努力！"——这不就是家里老二的真实写照嘛！

不管第二个孩子何时到来，一些基本的原则是不会变的，比如说：老二会根据对自己和对生活中关键之人的感知来形成自己的生活方式。

毋庸置疑，老大就是老二生活中的关键人物。就像我们之前所提到的，对家里所有的孩子来说，总是离自己最近的那个哥哥或姐姐对自己的影响最大——老二受老大影响，老三受老二影响，以此类推。

老二可能在很多方面与老大竞争。有些老二会公然竞争，而有些老二则更加聪明点，暗暗地较着劲，一步一步地去达到自己的目标。这方面的一个经典例子就是《圣经·旧约》中雅各布和以扫的故事。我有时候不禁会想，他们的父母埃萨克和丽贝卡在给这两个双胞胎儿子取名字的时候是不是就已经预见了两兄弟的未来。他们给老大取名为以扫，以扫的意思就是多毛的，对于老大而言真是非常贴切；他们给老二取名为雅各布，雅各布的意思是取代者——后来老二就真的取代了老大。

哥哥以扫是个非常强大粗壮的男子汉，他大部分时间都待在户外。弟弟雅克布在很多方面要更圆滑一些，他整天在家里晃荡，像个庄园主，又做得一手好菜，他还是母亲的最爱。当以扫狩猎回家之后，雅各布看着饥肠辘辘的哥哥，顿时心生一计。雅克布炖了些牛肉，顿时整个屋子里都洋溢着牛肉的香气，以扫问雅各布要了些炖牛肉，然后狼吞虎咽地吃了起来，而雅各布这时决定要让以扫付出代价，他说："用牛肉换长子的地位怎么样？"

回顾历史我们不难发现，早先的长子拥有其他兄弟没有的特权。这种做法被称为长子继承权，这种传统如今也还存在着。比如说，在君主制国家，长子会继承王位。在以扫和雅各布那个时代，长子会得到双份的遗产，因而雅各布建议用牛肉换取长子继承权显然是蛮横不公的交易。

以扫也没多想，坦白说，他的脑袋确实不怎么灵活。那时候他关心的只是空空如也的肚子，于是他就说："好啊，如果我饿死了，长子继承权还有什么用呢？"

以扫为什么会那么饿，就是因为他成天在外打猎消耗了精力。于是雅各布就给他盛了一碗牛肉，轻而易举地得到了长子继承权。后来，雅各布就和他那个笨哥哥合作一起欺骗了眼瞎的父亲，让他传位给自己。

现在的美国家庭中，老二并不会像雅各布那样骗来老大的地位，从而发生实质性的角色互换，但是老二确实可以在很多方面超越老大，比如在成就方面、威望方面、责任承担方面或是取悦父母方面。

家有二男，战火不断

家里有两个男孩的家庭竞争最激烈，而且两兄弟虽然跟同性的同龄人交往时没什么障碍，但是在和异性打交道的时候就显得心有余而力不足了。因此，妈妈和两个儿子之间的关系至关重要，她必须做好榜样工作，成为儿子了解女人的窗口。

所以说母亲必须始终如一，坚持自己的原则，她绝不能对儿子听之任之，而是要将权力牢牢掌握在自己的手中，不要让儿子欺压或是不尊重自己。为什么要这样做？因为她所扮演的不仅仅是家长和母亲的角色，更是儿子心中对于女人的认识基础。如果两个儿子在家就已经爬到了母亲的头上，那么等他们长大成家后就会欺压自己的妻子。最近的一项调查中，妻子受家暴的比率有上升的趋势可是一点也不奇怪，这很大程度上都与丈夫在小时候父亲跟母亲的关系有关。

现在我们来看看这两兄弟（尤其是哥哥）的表现。一般来说，哥哥大多数情况下会和爸爸妈妈统一战线，他会是家里的旗手，对家里的价值观十分清楚并且会忠实地践行。他可能会成为家里的领导者，或者说是家里的"警官"，担负起监管并保护弟弟的责任。

对于哥哥来说，能有弟弟这个小跟班也是一件不错的事，正因为这样，老大也慢慢学会了一些实用的领导技巧。这就是为什么不少老大在成年之后都处于领导地位的原因。

而对于弟弟来说，他会时刻盯着哥哥的一举一动，并默默盘算着自己该如何行动。另一个在大多数情况下都很适用的原则是：老二的性格会跟老大截然相反，尤其是在两人的年龄相差不到5岁，而且还是同性的时候。

老二会好好思考自己的处境，最后通常会朝着相反的方向走去。尽管方向不同但两人还是免不了会发生正面的竞争。要是老二铁定了心要与老大在领导力和成就方面较劲，那情况可就尴尬了。如果最后老大和老二之间真的发生了角色互换，这对于老大来说可是一个毁灭性的打击。

两兄弟间的年龄差距越小，竞争就会愈发激烈。如果两兄弟间差上3-4岁，竞争就会缓和一些，对于老大而言其领导力的实施也会更加顺利一些。如果两兄弟间只相差11个月，那父母就准备忙得焦头烂额吧。

当两兄弟的年龄相仿的时候，哥哥就很难显现自己的优势，这一点在体格上就能体现。要是日后弟弟在身高和体重上比哥哥有明显的优势，那么兄弟俩很有可能会发生角色互换。

小吉米大战大迈克

在角色互换方面，吉米和他弟弟的故事便是很好的例子。15岁的吉米有个比他小一岁的弟弟迈克，这个弟弟比他这个哥哥高了将近20公分，体重也比他重20公斤，而且长得也快多了。这一切让吉米很不好受，觉得生活对他实在是太不公平了。这种感受并没有因为父母更加看重吉米而有所缓解，相反，对于父母不断加在他身上的各种规矩，吉米烦躁不堪。虽然已经15岁了，可吉米还是每天9点准时上床睡觉，他没有什么零花钱，因为父母认为他会"乱花钱"。在父母看来，他们无法相信吉米，所以不能给他自由。这样一来，吉米为了报复，就不断说谎、偷东西，脾气也越来越暴躁。

在吉米来找我的时候，他已经将家里的墙壁凿出了好多洞，玻璃敲得粉碎，还"借"了家里的车子出去兜风（虽然他还没有到父母规定的开车年龄）。当我了解了整个事情的始末后，我的第一个建议就是让父母把拴在吉米身上的缰绳松一松。于是父母就把吉米睡觉的时间放宽了一些，15岁的吉米有个更合理的睡觉时间，他还有了自己的零花钱。此外，我还说服他父母修改了"18岁之前不准开车的"的铁律。要知道，对于一个即将步入16岁的少年，你告诉他两年后才能碰车，这无疑是拔了手榴弹的弦还希望它不响一样。难怪吉米对家里的权威是如此抵触。

此外，我建议吉米不要总是和他的大块头弟弟比较，这样一来，吉米在处理角色互换这件事上也有了一定的进展。还有一点要提的是，弟弟迈克其实是性格温和的孩子，他很喜欢哥哥，在某些方面还希望能够像哥哥一样，这对我们的治疗很有帮助。对于迈克来说，他根本就没有想过要"干掉"哥哥，夺下老大的位置，但是角色互换却真真切切发生了。

虽然吉米还没有从角色互换的伤痛中彻底走出来，但他还是采纳了我的建议，不再处处和弟弟做比较，并且取得了不小的进步。他的脾气也不再那么暴躁，也不说谎骗人了，成绩也从C和D上升到了A和B。更令父母高兴的是，吉米刚过16岁就拿到了驾照，而且他尤其喜欢开车载着弟弟到处溜达——弟弟年龄太小还不能开车。

两个女孩一台戏

如果家里有两个女孩又该是怎样一副光景呢？两姐妹之间也会存在竞争，但却没有兄弟之间的竞争那样激烈。

在有两个女儿的家中，我认为父亲是其中的关键人物。做父亲的必须明白，两个女儿会为了获得父亲对自己的关注而竞争，所以你要尽可能多地单独陪伴每个女儿。最近几年，很多家庭都兴起了"家庭时光"，比如说一家人一起出去吃个冰淇淋、看场电影之类的活动。虽然一家人在一起活动是个非常好的想法，但它还是不能取代女儿和爸爸或妈妈单独在一起的时光。

父母们有时就纳闷了，单独和其中一个女儿在一块难道不会滋长她的自私心理吗？我的答案是否定的。在绝大多数家庭里，父母与孩子一对一的时间少之又少，当你单独和某个孩子在一起的时候，这不但不会增长他（她）的自私心理，反而会增强他（她）的自尊心和自我价值感。

这就说明了我们和霍莉出去吃饭时，她说的话（"本来就应该这样的！"）看似好笑，实则意味深长啊。在霍莉和克莉丝的成长过程中，她们两姐妹一直都想跟我和桑德单独待在一块儿。我至今还清楚地记得，晚上我在写作的时候，霍莉会对我说："爸爸，来我房里聊聊吧。"而小女儿克莉丝也不甘示弱："今天晚上我可以睡在你们卧室的地板上吗？"

每当发出这样的邀请时，我都会尽力尊重她们，满足她们与我单独相处的愿望。在姐妹俩的成长过程中，霍莉尤其想获得我的关注，在与妹妹的争宠中她一直处于优势，即便没有什么优势的时候，她也极力想要去维护老大的优越感。

别看霍莉各方面都很出色，但是她唱歌却不行。她的嗓音还不只是音调上的问题。在霍莉9岁、克莉丝7岁半、凯文4岁的时候，他们几个最喜欢给我们两个表演节目，他们最喜欢的节目是《安妮》。在霍莉的指挥下，克莉丝会用大嗓门隆重地介绍霍莉出场："接下来有请我们伟大的霍莉！"

接着霍莉就踏着舞步来到舞台中央（就在我们的客厅前）为我们高歌一曲《明天》。噢，对了，凯文在干吗呢？他在一旁和宠物狗山迪玩呢。

我和妻子很奇怪，为什么霍莉唱歌的时候，凯文能在一旁这么安静地和狗狗玩。那是因为霍利的歌声实在不怎么样，她唱的《明天》真会让你希望是昨天！

克莉丝有副好嗓子，但是却一直没能扮演安妮的角色。她的姐姐当然知道这一点，所以才不会给这个抢了她皇位的"入侵者"大展歌喉的机会。对于霍莉来说，有这么一个时刻威胁着自己老大地位的妹妹可真是件头疼的事啊。

所以说，两姐妹的童年是在竞争中度过的。小时候他们常常在家里的泳池里玩"马可波罗"游戏，我经常发现霍莉耍赖。在这个游戏中，一个孩子喊"马可"，另一个孩子回应说"波罗"，两人必须闭着眼睛躲在水里。

霍莉和克莉丝玩这个游戏的时候，克莉丝总是老老实实闭着眼睛说"马可"，而当轮到霍莉的时候，她喊"马可"的时候会偷偷睁开眼看一下，这样当克莉丝回应"波罗"的时候，霍莉很容易就会发现克莉丝的行踪。有时候霍莉根本就不会躲在水里，她只是象征性地把脚趾伸到水里，这样一来，她就能轻而易举地发现克莉丝了。

那么问题来了，我们都说老大是十分遵守规矩的人，可是身为老大的霍莉怎么就这么不懂规矩呢？答案很简单。从她18个月大的时候开始，她一直觉得克莉丝在她身后紧追猛赶，所以她不能松懈，必须要赢。如果要赢的话必须破坏规矩，那就破坏吧。

当然克莉丝也不是善茬，她才不会一直逆来顺受呢。被姐姐捉弄了几次后，克莉丝也长记性了，她会退到泳池边上，坐在那儿眯着眼插着腰，她很清楚这样的姿势一定会招来爸爸，问她："怎么了？"然后她就会愤怒地嚷道："霍莉她耍赖！"

那时候我肯定是站在克莉丝这边，然后警告霍莉。但是现在回想起来，我发现克莉丝一点也不弱呢。她跟骡子一样倔强，而且还跟亚利桑那州沙漠里的野马一样强壮迅速。她可不是那个经常受姐姐欺负的"小可怜虫"，她也精着呢。所以现在我看到她们姐妹俩吵着嚷着的时候，我谁也不帮，我会笑着说道："你们俩真是活该。"

一个男孩，一个女孩

男孩和女孩之间很少会发生竞争，即便发生了竞争，也不是十分激烈。我们来看看兄妹间差三岁的这个例子吧。布莱恩3岁的时候，妹妹小梅根来到了家里，对于这个入侵者，布莱恩心里多多少少有些危机感，但是很快他就发现梅根是个女孩，对他来说构不成多大的威胁，因此也就放心了。

像布莱恩这个年纪的小孩好像对两人的性别差异有本能的反应。他们非常清楚，由于两人的性别不同，他们会有不同的玩具、不同的衣服，等等。在大多数情况下，哥哥和妹妹之间并不会发生多么强烈的竞争。事实上，他们之间的关系将非常亲密。

在这种家庭模式下，妹妹长大后通常会很有女人味，爸爸妈妈以及哥哥会视她为掌上明珠，对她关爱有加。这样的家庭在孩子成长的过程中会很平静，没有什么风波，但也正是因为这样，妹妹将对男人过于依赖，离开了男人就会变得非常无助，等她长大后就会碰到麻烦。这种类型的女人在结婚后通常会理想幻灭，很容易就败给七年之痒，成为婚姻的牺牲品。

这种无助又依赖型的女人要是嫁给一个控制者，那可真是一个铤而走险的选择。这些年来，来找我咨询的女性可没有一个跟我说："你知道我喜欢我丈夫的哪一点吗？就是他的控制欲。"

如果老大是女孩，那么身为老二的男孩就会多一个母亲来照顾他。通常情况下，姐弟俩的关系会处得非常不错，除非男孩觉得"两个母亲"太多了，受不了过多的母爱。

这不，15岁的沙恩受不了妈妈和姐姐合起伙来挑他的毛病，于是就离家出走了。在这种情况下，妈妈是罪魁祸首，但是姐姐也在旁边煽风点火，她老是对沙恩说："你太不成熟了！"

最后沙恩在城里的一个朋友家待了一个星期左右才回家。后来他家人便带着他来到了我这，在和沙恩的交谈中，我得知他母亲在家里扮演的是一家之主的角色，并且老是想要像控制他那温和被动的父亲那样控制他，这令他十分怨恨。好在他的母亲也是明事理的人，十分愿意为儿子做出改变。在咨询了几次之后，我鼓励父亲来主持家政，担负起一家之主的角色，然后这个问题就解决了。沙恩后来再也没有离家出走过，还时不时会帮着去教育小孩子。

当然，沙恩的故事只是个极端的例子。通常情况下，姐姐和弟弟之间的关系才不会那么紧张，他们会以更加和睦的方式朝着各自的方向发展。如果父母对他们一视同仁，那姐弟俩都会具有老大的特点。

我大姐莎莉和哥哥杰克就是这样的情况。我和大家说过，莎莉是个非常出色的人，在学校的功课门门都是A^+的水平，杰克虽然不像姐姐那样优秀，高中时期也始终保持着B^+的水平，大学的时候也以优秀毕业生的身份毕业，之后理所当然就去攻读博士学位了。高中的时候，杰克是优秀的四分卫，大学时还在校队里踢过球，他的朋友一大堆，尤其深受女孩子的喜爱。

杰克从来都没有跟莎莉竞争过什么，莎莉也很尊重他，甚至对他在足球上的佳绩拍手叫好。小时候，莎莉试图对比她小三岁的弟弟进行"母爱"般的照顾，但是杰克从来就不买账。五年后，熊宝宝凯文出生了，这下莎莉的母爱就可以全面发挥了。

不要给孩子贴标签

不论家里是有两个男孩、两个女孩，还是一男一女的组合，二孩家庭中教育孩子的基本准则是：接受孩子的不同。

当然，不论家里有多少个孩子，我们都要接受他们的不同，只是在二孩家庭中，接受两个孩子的不同更是一种挑战。对于两个孩子的不同，我们的接受程度也是不同的。比如说，如果其中一个孩子比另一个孩子高出15公分，这个我们很容易接受。但是，如果其中一个孩子老是不把规矩放在眼里或者态度和情感跟别人完全不一样的话，我们能坦然接受吗？一个孩子很好管教，是父母眼中的"好孩子"；而另一个孩子则令父母头疼不已，他自然而然就会被看成"坏孩子"。

面对这种状况，父母需要明白的是，两个孩子都需要爱，但是需要区别对待。父母在家一定要维持一定的秩序和一致性，同时要注意每个孩子的差异。

19岁的奥利维娅是家里的老二，她在咨询过程中就告诉我："希望你向我妈传达一下，我和姐姐不一样。"

我知道她这是什么意思，但我还是让她具体解释了一下。然后她就向我大倒苦水：她妈妈总是一个劲地告诉她要达到家里的标准，和姐姐丽贝卡一样出色优秀。但是奥利维娅没有做到，所以她老是在家里抬不起头来，有种不被接受的感觉。在与她的父母聊过后，我发现即使奥利维娅已经是个成年人了，他们还是会按照自己的标准对她指手画脚。我建议父母多以欣赏的眼光看待奥利维娅，多看看她生活中的闪光点，而且还不能一味地用同一种标准去对待两个女儿。

奥利维娅高中毕业后的一年里一直干着低微的兼职工作，而大她2岁的姐姐则马上就要上大三了，父母对姐姐很是满意。父母原本想让奥利维娅进姐姐的那所学校，但是我建议他们让奥利维娅进另一所学校，这样她就可以有自己的生活而不必活在姐姐的阴影下。作为父母，你必须要给予儿女无条件的爱，不能因为孩子的分数高低或是表现好坏而区别对待。

也就是说，父母就应该爱孩子本来的样子。当然这并不是一件容易的事。如果你能这样做，那么二孩家庭将其乐融融，如沐春风。来看看这样的二孩家庭会有什么样的优点：一家人坐在一辆车上刚刚好；出去吃饭的时候不用等很长时间，因为大部分餐馆的包间都是四人位的；如果爸爸妈妈还玩过山车的话，就可以二对二，一家四口一起玩了。

这些建议可不是随便说说而已，在现实生活中它们是切实可行的。我对此深信不疑，并将它们用到了我的五个孩子身上。然而，这几招在我那大女儿身上却不怎么奏效。为了捍卫自己的老大特权，霍莉自始至终都在和妹妹竞争，从不消停。她就像一条鲑鱼，一门心思迎着激流逆流而上。不管我如何说她，她还是一个劲地与克莉丝吵来吵去。每当我自以为知道该如何去应对霍莉的时候，她总能给我沉重的一击。

在霍莉10岁的时候发生了一件事，着实令我大吃一惊，至今都难以忘怀。当时我刚写完《要让孩子明事理，别对孩子发脾气》一书，由于第二天要去出版商那参加销售会议，我寻思着最好将书中"关于如何做有爱、有责任的父母"的要点再温习一遍。于是我就问霍莉能不能帮我一起温习。

"就我们俩？"霍莉一脸疑惑。

"没错！"

"好的！"她高兴极了。然后我们便出发了，说实话，那天晚上实在是棒极了。十点半的时候，我们将车开到了车道上。当时已经过了霍莉平常上学日时的睡觉时间，我也急着上床睡觉，因为第二天5点我就得起来，去赶7点飞往新泽西的航班。

这时霍莉说话了，她说："爸爸，我有个请求，我能不能将我的睡袋拖到你的房间里，睡在你床边的地板上？"

我知道，我这个颇有主见的小老大看来很是享受和爸爸单独相处的这个晚上，现在她还想锦上添花呢。我不假思索地回答道："那可不行，霍莉。你看现在已经很晚了，你明天还得上学呢，需要上床去好好睡一觉呀。"

我这个急促的回答虽然很聪明也十分有逻辑，但是我这么做却也违背了我的原则：对于孩子的请求千万不要立即答复，而是要花上几秒钟甚至是一分钟好好想一想，然后再给予理解且合理的回答。

但是那天晚上我实在赶时间，毕竟第二天一早我就得赶飞机飞到新泽西去宣传我的新书，哪有心思去深思熟虑。

但是霍莉可不管我这个父亲的"好意"，在她看来，我的说法根本就是不合理的，于是她的眼泪就掉下来了。

"但是爸爸，我只是想要睡在你的床边。"

"不，霍莉，地板太硬了，你会睡不好的。今天晚上我们不是过得很开心吗，可别把这个好心情毁了啊！"

但是对于霍莉而言，她的好心情早已经消失殆尽了，她哀号着："你总是什么都不让我做！"这下好了，那个美妙的夜晚彻底被我给搞砸了。我安抚霍莉回屋睡觉的时候，她还在不停地抽泣着，她的那句"你总是什么都不让我做"也不断地萦绕在我的耳际。

当时我真是又懊恼又沮丧，心里愧疚极了，我打起精神努力收拾着行李，打算天一亮的时候就出发。桑德已经上床睡觉了，她将我要穿的裤子和衬衫都洗好了，但是却忘记将它们熨好，于是我不得不来到熨板前自己动手。其实我并不是没有衣服穿，只是我太喜欢这些衣服了，当然希望能穿着它们出行。而且，等我第二天在销售会议上发言的时候，我就可以拿熨衣服这个例子说事：我真是个体贴的好丈夫啊！

我在熨衣服的时候，耳边传来霍莉的阵阵哀号声，她还在那使劲地哭着，事实上，那哭泣声越来越大，并没有停火的势头。我默默对自己说：莱曼，这个贪心的小姑娘越来越过火了，是时候要好好治治了！

在这里，我所说的"治治"其实是想要"坚定地"让霍莉安静下来。但是我的这份"坚定"实际上却演变成了"满腔的怒火"："别闹了，霍莉。我已经受够了。你听得懂我的意思了吗？我们今天晚上已经过得很不错了，你怎么还不知足。现在你给我好好睡觉。我现在很不开心，你知道为什么吗？因为你妈妈没给我熨好衣服，我现在可没有什么好心情！"

我的意思很明确，那就是她必须得睡觉了！

从霍莉屋里出来后，我猛地甩上了门，响声贯彻整个房子，吵醒了家里的每个人——除了桑德，她大概真的是睡死过去了。为了使自己安静下来，我不停地翻阅着最近的新闻，但是没过一会儿，我的心里就充满了愧疚。我知道我错了。事实上，我真的是失控了。霍莉已经停止了哭泣，我必须做点什么来弥补自己的过失。现在她有可能已经睡着了，但我还是想要去给她一个吻，并向她道歉。

我抱着复杂的心情轻轻地推开了霍莉的房门。但是她却不在床上！我一下子就火了，满屋子寻找这个不听话的孩子。我在新书中是怎么说来着，对于打孩子屁股这种处罚方式要慎用？看来这次我不得不下手了。

我以为霍莉会按照原计划在我们的卧室里睡觉，于是我朝着卧室冲去，但是霍莉的睡袋并不在那儿，她也不在。我又到凯文和克莉丝的卧室里查了一圈，还是没有见到霍莉的身影。

这大半夜的，难道她离家出走了？

这下我真的慌了，像所有治疗师安抚自己的套路一样——我朝着冰箱走去。当我经过缝纫室的时候，我看到了霍莉，她正在那儿熨我的衬衫呢！

我这个完美主义的老大第一句话十分讨人怜爱，她说："爸爸，我熨得不好。"

我10岁的孩子一边熨衣服，一边哭得梨花带雨，泪水落在了衬衫上。我一脸歉意地看着她，说道："霍莉，你能原谅我吗？"

"我把整个夜晚都毁了！"霍莉哭喊着，"我把整个夜晚都毁了！"

"不是这样的，霍莉。是爸爸不好，是爸爸毁了这个夜晚。我错了，你能原谅我吗？"

霍莉不会善罢甘休的，她还是不断地强调："我把整个夜晚都毁了！我把整个夜晚都毁了！"

我又说道："霍莉，你能安静下来听我解释吗？"

霍莉放下熨斗，将头埋进了我的怀里。她不停拥抱我，不停说爱我。我也这样做着。两分钟后，霍莉上床了，很快便沉沉睡去。

后来我将衣服熨好后才上床睡觉，没睡几小时便起来赶飞机去了。在向销售人员介绍我的育儿书时，我并没有提及那晚的具体情况，我可没脸说出来，只是深有感触地分享了我的育儿观点，总结起来就是：只有当我们能低头向孩子承认错误的时候——"我错了，你能原谅我吗？"我们在孩子眼中才是真正高大的。

你有没有对孩子说过道歉的话呢？

∥ 养育二孩的8大建议 ∥

在教育孩子的过程中，务必要把一碗水端平，保持公正公平的原则，例如：

1．放宽老大的睡觉时间。即使老大仅仅只是可以比老二晚睡半个小时，也要把这种不同表现出来。老大可是睁大眼睛看着呢。

2．孩子之间的责任和零花钱也要区别对待。原则是：老大要肩负更多的责任，得到的零花钱也更多。但需要注意的是，千万不要把责任都堆到老大一个人身上，老二也要进行分担。

3．避免比较。这一点说着容易做起来难。千万要注意，诸如"你怎么就不能跟你哥哥（姐姐）一样呢？"之类的话其实是很伤人的。每个孩子都是独一无二的，怎么可能会和哥哥（姐姐）一样呢，你说这样的话不仅伤人，而且毫无意义，愚蠢至极。

4．不要觉得你为一个孩子做了一件事就一定要为另一个孩子做相同的事。也就是说，对孩子区别对待其实就意味着，一个孩子在某些方面会比另一个孩子得到的多，但总体来说最后还是会扯平的。

5．跟每个孩子单独相处。你要给孩子与父母一对一相处的时间。但是在繁忙的工作间该如何找到时间与孩子单独相处呢？时间不是找的，而是挤出来的。你可以带着孩子一起去逛超市，也可以带着孩子一起出差。如果可能的话，送孩子上学的时候可以早起半个小时，两人一块儿吃个早饭。只要你有心，总会有两人单独相处的时光。你只要记住以下原则：你和其中一个孩子单独做了某件事，那你最好也要和另一个孩子单独做件事。而且还要根据每个孩子的不同需求适当调整。

15

如何培养家里的中间孩子

/////////////////////////////

在莱曼家中,克莉丝就是个名副其实的中间孩子。她为人开朗友善,做事果断高效,34岁的时候就成为了学校的课程主任,同时也是一名非常出色的教师。后来,当她的第一个儿子康纳出生后,她决定放弃自己的事业,在家当一名家庭主妇。几年后,女儿艾德琳出生了。这下克莉丝可闲不下来了,两个闹哄哄的孩子每天都令她忙得不可开交,完全没有自己的时间,这令她头疼不已。

有意思的是,当克莉丝发现了姐姐霍莉的心思,并意识到自己不能独享爸爸妈妈这个现实后,她又变得像以前那样开朗友善了。在克莉丝身上,我们可以看到老二是如何"干掉"老大并在新的方向干出一番天地的。

霍莉一直以来都是处于游戏顶端的人,她的事业自然不在话下。她是一名非常能干的英语教师,而且还负责学校K-12(幼儿园到十二年级)的课程。孩子们都很喜欢她。她的同行及家长也对她赞不绝口。她是个非常有条理的老大,为人处世非常严谨,有时候甚至像朱迪法官那样不近人情,但她其实是个非常热心的人,十分富有同理心。

克莉丝平日里不拘小节,总是以一种放松的姿态对待生活。她不是个完美主义者,却也是个十分有条理的人,你要是上她房里看看,准能让你印象深刻。

我的妻子到现在都还清楚记得克莉丝第一天进幼儿园的情形。虽然心里很是不安,但是经过一番思想斗争后,桑德终于把克莉丝送上了幼儿园的早班车，她嘴里不断地祈祷："她一定要好好的啊！"而后便回到家专心处理自己的工作。

与此同时，克莉丝在幼儿园过得非常不错。11:45的时候，幼儿园的车子在门口停了下来，邻居家的两个孩子下了车，却迟迟不见克莉丝的踪影。

桑德也沉得住气，一直等了将近45分钟后，她才拉响了警报，开始紧张起来。她安慰自己说，再等等，另一辆车子马上就要来了。但是，她左等右等还是什么都没见到。于是她打电话给学校，校长告诉她说克莉丝放学后就上了车，但是他也不知道克莉丝为什么没在自家门口下车。

在这个节骨眼上，桑德也顾不得什么形象了，她变得有些疯狂了。当时我并不在办公室，她联系不到我后便打电话给每个她所能想到的人，向他们打听克莉丝的下落。她在不断打电话的空当上，电话突然响了起来。

"嗨，妈妈，我是克莉丝。"

"克莉丝！你到哪里去了？"

"我在我最好的朋友家里。"

"亲爱的，告诉我你在哪里？在谁的家里？"

克莉丝放下电话，桑德听见她在电话那头问道："你叫什么名字来着？"

后来经过询问，原来"她的名字"叫詹妮弗——克莉丝第一天上幼儿园时认识的伙伴。詹妮弗的家与克莉丝的家顺路，于是克莉丝就中途下了车，去这个新朋友家里玩了。在克莉丝眼中，她根本就不知道她不在我们那一站下车的话妈妈会很担心的。她这样做仅仅只是出于她随和、善于交际的本性，并不是什么无礼的表现。

克莉丝18个月大的时候就会漂浮了

实际上，在上幼儿园前，克莉丝就已经显露出了悠闲、随和的苗头。我还记得克莉丝18个月大的时候借助婴儿泳圈游泳的情形。当时，游泳池里到处都是比她大一点的孩子，孩子们在水里潜水、拍水花、制造浪花，等等，玩得不亦乐乎。克莉丝就在池子中央安静地漂浮着，一副怡然自得的样子。这个小姑娘好像总能轻松应对各种情况。

而姐姐霍莉则与她相反，霍莉凡事都一板一眼，是典型的完美主义者。她每次都会直接回家，才不会中途就下车，在她看来，规矩就是规矩，是不容打破的。如今，人到中年的霍莉一直按照自小形成的生活方式生活——规矩就是规矩。这种生活方式是所有认真严谨的人的本性。霍莉为人周到，处事富有条理。上学的时候，她一直都是勤勤恳恳的好学生，是个书本发烧友。后来工作了，她是个出色的教师，对书本还是那么痴迷。霍莉有许多朋友，但是和她关系最亲密的朋友便是书籍。

克莉丝倒是和她父亲一样不怎么读书。要她静下心来读书简直是比登天还难。在克莉丝看来，生活不只有书本，还有许多其他的事物在等着她去品尝和享受，比起书本来，她倒是更愿意去和人打交道。克莉丝是"一分耕耘一分收获"的最佳例子。对于克莉丝来说，家庭作业可不是一件容易的事，她虽不能像姐姐霍莉那样轻松应对，但做得也不赖，最后还是顺顺利利从大学里毕业了。这对于她的父亲和父亲的会计来说可真是谢天谢地，因为不用再花钱重读了。

所以这么说来，克莉丝是个典型的中间孩子喽？是这样的，没错，但也不全对。你回头看看第8章中我们所列的关于中间孩子的特征，你会发现中间孩子可是个十足的矛盾体。在一栏中，中间孩子是善于交际、开朗友善的。克莉丝身上就有这几点特征。而在另一栏中，中间孩子又是不合群、安静害羞的。第8章中还说到中间孩子对生活向来是抱着一种悠闲懒散的态度。克莉丝大部分时间都是这种状态。然而藏在那张无忧无虑的面容之下的是一个非常敏感、固执的克莉丝，你要是把她给惹怒了，她可是不会轻易放过你的。（这一点她的弟弟凯文再清楚不过了，在他身高长到1.9米前，每次在克莉丝发飙之前，他都会早早地逃之夭夭。）

作为中间孩子，克莉丝就是个典型的矛盾体。独生子女、老大及老小的特征很显著，也有迹可循，但是中间孩子身上却融合了多种特征，他们就像沙漠里的鹌鹑一样令人捉摸不定，要对付这样的孩子可不是一件容易的事。

大哥大姐才是行动指标

一般来说，适用于老二的那些原则也同样适用于中间孩子。和老二一样，中间孩子有自己的墨菲定律：我会参考前面的哥哥或姐姐的情况来决定自己该怎样生活；我会察言观色，然后采取最有利的方法。对于中间孩子来说，他们的行动指标就是"前面的大哥或大姐"。比如说，如果家里有四个孩子，那么老二就会以老大为参考目标，老三就会以老二为参考目标，以此来决定自己该走哪条路。我们来看看这四个孩子的家庭是怎样的情况：

家庭K

女孩——16岁，长女

男孩——14岁，长子

女孩——12岁，中间孩子

女孩——10岁，老小

在这个家庭中，12岁的那个女孩是真正意义上的中间孩子，上面有大哥大姐，下面又有个小妹妹，中间孩子备受挤压。她的生活方式大部分是受哥哥的影响，但是身为老大的姐姐对她也会有一定的影响。

但并不是所有处在中间位置的孩子都是真正意义上的中间孩子，我们来看看下面另一个家庭的情况，由于年龄差距的影响，这个处在中间位置的孩子并不是真正意义上的中间孩子：

家庭L

男孩——18岁，长子

女孩——17岁，长女

女孩——15岁，中间孩子？

在这个家庭中，老三确实是家里处于中间位置的孩子，但她是真正意义上的中间孩子吗？上有大哥大姐，下面又有个小弟弟，这个女孩真的会参照大哥大姐的情况来决定自己的人生目标和生活主线吗？并不是。她7岁的时候才迎来了自己的弟弟，在弟弟到来之前，她一直是家里的老小，根本就没有那种受到排挤的感受，而等弟弟真的到来的时候，她的性格和生活方式早就形成了，所以她身上更多的是老小的特点，而不是中间孩子的特点。

中间孩子备受排挤

虽然在家庭L中没有真正意义上的中间孩子，但是许多家庭还是有的。如果用一句话来形容中间孩子，那就是他们会有受排挤并且（或者）受支配的感觉。父母需要注意的是，中间孩子总是会觉得“每个人都在支配我的生活”，除了受到来自父母的压力，比他们大的孩子也会给他们施压。

如果这个大点的孩子比中间孩子大不了多少（大两三岁），那他（她）肯定会指挥中间孩子去做事。中间孩子下面又是老小，老小一般是家里的掌上明珠，就算犯了错往往也会逃脱罪责。所以中间孩子就被死死地夹在中间，尴尬不已。对于大哥大姐那样的特权，他（她）还太小，不够资格；犯了错也不能像老小那样免受责难，毕竟“都那么大的人”了。

受到来自上下的压力，中间孩子会觉得自己就像个电灯泡一般格格不入，没有发言权，也没有控制力，好像其他人都在做决定，而他们一直都是在受人指挥着，没有自己的主动权。

克莉丝8岁的时候，她就让我和桑德明白中间孩子在别人为他们做决定的时候会变得多么敏感。当时，桑德给她报了个创新演出班，克莉丝知道后噘着嘴，泪流不止，倔强地和她妈妈对峙着。我们这个敏感的中间孩子不断地和妈妈理论，她觉得妈妈不经过她的同意就擅自做主报个什么创新演出班简直是不可理喻，况且她还不知道这个创新演出班是个什么玩意儿！当时我碰巧经过她们母女俩身旁，于是我插了一嘴："克莉丝，难道你不喜欢演戏吗？"

"我很喜欢！"克莉丝一边抽泣一边说道。

我笑着说："那你怎么会这样子对你妈妈啊？"

"你可能觉得这无所谓，但是我有所谓啊，要是我擅自给妈妈报个游泳班，她会开心吗？"

克莉丝的话一语中的，我无话可说了。我们家后院有一个游泳池，桑德一年也就下去两次而已，而且也不游泳，只是湿湿身而已。如果克莉丝或者我给桑德报个游泳班，那到头来想要桑德去泳池湿个身都难，她肯定不会去的。我明白了克莉丝的意思。她希望决定权在自己手上而不是别人手上。她并不需要妈妈的帮助！

每当我在研讨会上提起这件事，我都会不断强调一点，那就是：作为父母，你不只是要询问中间孩子的意见，对于所有孩子而言，关于他们的事你都要事先征求一下他们的想法，而不是擅自做决定。对于任何出生次序的孩子来说，你都要给予他们自己做决定的机会，这是培养他们自尊心和责任感的重要一环。对于极其敏感的中间孩子，父母们应该严格遵守这句话：他们的事情征求他们的意见，并且要尽可能多地让他们自己做决定。

让中间孩子感到自己很特别

到目前为止，这一章的内容好像都是在同情中间孩子的处境似的。这些觉得自己在家格格不入的中间孩子在家之外的地方能顺利吗？他们能找到朋友吗？他们敏感又矛盾，总是感觉受到排挤，家长们老是忽视他们的意见随便为他们做决定，对于这样的孩子，家长们又该怎么做呢？

我让克莉丝感到自己特别的方法就是每当她生日的那天早上，我都会单独带她出去吃早饭。在她的成长岁月中，每年的5月16日我会把所有的预约都推掉。原因很简单：那天是克莉丝的生日，我们必须一起去吃早饭。如果那天她要上学，除了带她去吃早饭外，我中午的时候还会接她去她喜欢的地方吃午饭，比如说麦当劳。

当然还有两天我也是要这样做的，那就是每年的11月14日和2月8日，毕竟霍莉和凯文也有自己想要吃饭的地方，他们也想选择自己心仪的蛋糕。在蛋糕的花费上我们是不会吝啬的，彩虹蛋糕、宇宙蛋糕、查理布朗蛋糕随意挑，谁生日谁最大！后来汉娜和劳伦也加入到了莱曼大家庭中，她们的日子自然不能怠慢，那就是6月30日和8月22日。（你看吧，要是我再多要些孩子，那我一年就别想工作了。）

在这几个孩子中，要数克莉丝最在意生日这天单独和爸爸相处这件事了。克莉丝9岁生日那天，我和她一起吃饭的时候，当地的牧师从我们身边经过，认出了我，他说："你是莱曼博士吗？"

我说是的，然后他继续说道："能在这儿碰到你真是太好了。今天我正打算写信给你，邀请你明年5月16日来我们教堂主持会议呢。"

他嘴里一蹦出"5月16日"，我就知道要出问题了。我一直都在等待时机告诉他那天是我女儿的生日所以去不了，但是牧师一直在滔滔不绝地描绘当地的优美景色以及大家想要见到我的迫切心情，我根本就插不上话。

但是克莉丝才不管这些，当牧师毫不停息地说下去的时候，她变得越来越激动，最后她戳了戳我的腰，大声说道："我爸爸不能去！"

女儿的这种做法显然不太礼貌，于是我赶忙制止："克莉丝，等一下，爸爸在跟人谈话呢……"

牧师还在讲那天的宏伟计划，而我也一直在犹豫要不要打断他，告诉他那天我实在是去不了。

最后，克莉丝再也忍不住了，她提高了嗓门，大声喊道："他那天去不了！"

虽然克莉丝这么跟牧师说实在是太直接了（甚至有点粗鲁），但是我也不能责怪她。说实在的，问题在于我，是我一直犹犹豫豫，没有斩钉截铁尽早打断他，所以他才会滔滔不绝地讲下去（毫无疑问，这位牧师肯定是个老大）。最后我只好解释说，5月16日是克莉丝的生日，这也正是为什么我们会在这里吃早饭的原因。所以这天我肯定是没有时间的。

那位牧师说也不一定是那天，他会回去再查查确切的日子。后来，他打电话告诉我说时间搞错了，应该是5月18日。这样一来，我既能去参加会议，又能履行对克莉丝的承诺，真是两全其美的结果。要是会议时间定在5月16日的话，那可真是抱歉了，生日那天我女儿最大！

在我们家，每年的5月16日都是禁止对外开放的，以前是，以后也一直会是。就算现在孩子们都长大了，不在身边了，我们莱曼一家还是会很重视大家的生日。

给中间孩子分享感受的空间

在生日这件事中，我们可以看到克莉丝身上展现出了中间孩子的一大典型特征。即便是距离下一个生日还有一年的时间，她还是会紧紧抓住跟爸爸的约定。许多中间孩子可能会很害羞，很随意，或者不愿意跟别人正面交锋，即使有意见也会憋在心里。这些中间孩子才不会向你坦白他们的真实想法，能避免冲突就尽量避免冲突。

但是克莉丝实在是太敏感了，对许多中间孩子来说，敏感可能会演变为愤怒。那时克莉丝实在是太沮丧了，所以最后她忍不住就说出了自己的声音。虽然她这种做法看起来好像是个不听话的小孩，但我还是很高兴她能说出自己的想法。

做咨询这么多年以来，我发现易怒、对人有敌意的人往往都是家里的老大或中间孩子。可能对一些人来说，要让他们承认自己的愤怒并不是一件容易的事，要知道他们本身扮演的角色就是取悦者，他们很可能会将自己的怒气埋在心里。但是克莉丝就不一样了，她高不高兴我们一目了然。所以说中间孩子捉摸不定，你要善于挖掘才行。

你要给中间孩子充足的机会来分享他们的感受。如果家里有四个孩子，在老二和老三这两个中间孩子之间，你要多注意点老三了，他（她）很容易会迷失自我。不要只是偶尔问问："你最近怎么样？"你要专门抽出时间陪孩子去散散步，或是一起去干点儿什么事情，然后哪怕在车上和他（她）好好聊聊。（其实在车上聊聊是个不错的主意，孩子分享自己的心声时可以不必直愣愣地面对爸爸或妈妈，而是可以自然地望向窗外避免尴尬。）

排挤的经历增强了中间孩子的心理承受能力

一般来说，中间孩子随和友好，十分善于交际。虽然在家里备受排挤，不受待见，或是被误解，但是他们在家之外与人相处的时候可是游刃有余的，他们从不缺朋友。

父母们不明白自家的中间孩子为什么老是往外跑，他们也不明白为什么别人的家会有这么大的魔力将自家的孩子牢牢吸引住。然而正是在这样的情况下，中间孩子在不知不觉中得到了宝贵的锻炼。通过结交新朋友，中间孩子在实践中学会了建立关系并维持关系。在跟朋友们打交道的时候，他们的社交技巧得到了磨炼，变得更加圆滑了。这样一来，等到真正要离开家的时候，他们会比其他孩子更有准备，面对婚姻、谋生以及社交他们会处理得更好。

所以，当家里的中间孩子总是一个劲儿地往外跑的时候，千万不要感到绝望。实际上，你要让孩子知道你非常理解朋友的重要性，这是明智之举。我也知道，同龄人在一块儿并不是一帆风顺的，有时也会出现问题，但也不要把孩子的朋友都看得太坏，以为他们会把自己的孩子带坏。相反，你可以把孩子的朋友们都邀请到家里过夜或是过个周末，这样一来，你的孩子会觉得你很在乎他（她）和他（她）的朋友，何乐而不为呢！

但有一点需要注意的是，中间孩子身上还有一个矛盾的特征，这个矛盾体现在他的朋友观上。虽然中间孩子在家里觉得自己像是个电灯泡一样格格不入，但是家里再不好也总比外面的世界安全。虽然他们对朋友的感觉很好，但是也会有搞砸的时候。所以如果出现这种情况，回到家里若是得到父母结结实实的拥抱和安慰那可是再安心不过的了。

世界需要很多不娇宠的中间孩子

当然，并不是所有的中间孩子都是社交达人，他们交朋友的时候也会受到很多因素的影响，比如说自己的体形和外貌、害羞程度、恐惧感、用于工作或者学习的时间，等等。但是即便中间孩子待在家里，他们还是会为以后的生活得到锻炼，这种锻炼是以协商、妥协的方式出现的。

中间孩子不可能凡事都按照自己的想法来。相比较之下，老大总是得到更多，他们可以晚归晚睡等；老小总是能得到更多的关注，做错事了也可以逍遥法外。这一切看上去很不公平，但是却能让中间孩子得到很好的锻炼。中间孩子最不可能被宠爱，所以他们也就不容易被生活挫败或是对生活索取太多。虽说成为中间孩子很苦恼、很失落，也很委屈，但这又何尝不是"塞翁失马，焉知非福"。

我不止一次听到父母和我夸夸其谈地说着他们十几岁的老大，他们为老大感到自豪，因为他们从不会令父母操心。他们愿意帮助父母做事，总是规规矩矩的，很是听话。每每听到这些父母这样赞扬他们的老大，我总是微笑地面对着这些父母，打心眼里希望他们做父母的能一直都这么有成就感。但是说实在的，我总会忍不住在心里嘀咕：这些听话的老大会不会遇到大麻烦呢？他们是不是满肚子都是心事？难道他们是典型的取悦者，永远都会对父母言听计从？等到几年后他们另立门户了又会是怎样的情况呢？他们会有足够的心理准备来应付生活吗？

我并不是说取悦者在日后独立生活后会很艰难。我的意思是，我给很多老大和独生子女做过咨询，他们小时候都是父母的乖宝宝，但是等他们长大成人后，他们在生活中与爱人、邻居打交道时会出现困难。然后，他们就会来找我寻求帮助了。这样的咨询我做得越多，我越发觉得在成长过程中受点排挤倒也不是什么坏事，这对于以后开始自己的生活也是很好的铺垫。

所以，如果你家里也有个备受排挤的中间孩子，不要就此绝望或是束手无策。你要尽力为他们制止排挤，或者至少要帮他们度过受排挤的日子。一定不要让中间孩子灭了希望之火，只要他（她）坚持了下来，最后他（她）的火焰会是最亮的。

// 养育中间孩子的6大建议 //

1．父母们要意识到很多中间孩子会避免分享自己的感受。如果你的孩子是这种类型，那你就应该专门找个时间和他（她）单独谈谈。这对每个孩子都很重要，只是对于中间孩子来说，如果你不先提出和他（她）谈谈，他（她）是不会主动和你聊的。你一定要抽出时间主动出击。

2．要格外在中间孩子身上花心思，要让他（她）觉得自己特别。一般来说，中间孩子会觉得受到了兄弟姐妹的排挤，他们最需要你能将心思放在他们身上，问问他们的意见或者让他们自己做决定。有一天晚上，我带着三个孩子去打保龄球。当我们准备开打的时候，大家就开始争论谁该第一个打。就在霍莉和凯文一个劲地嚷嚷的时候，我注意到克莉丝在一旁一言不发。我说道："克莉丝，你怎么看？"然后她将爸爸的名字放在了首位，接下来是霍莉和凯文，最后一个是她自己。

3．要给中间孩子一些日常特权。比如说允许他（她）看某个自己喜欢的电视节目，或者是让他（她）决定去哪吃饭。关键是，这些必须是中间孩子的专权。

4．要花心思给中间孩子添置新衣，不要老是让他们穿哥哥姐姐传下来的旧衣服。对有些家境好的家庭来说，买新衣服当然不是问题，但是对于一些不富裕的家庭，小孩子穿哥哥姐姐的旧衣服是常事。偶尔穿穿旧衣服倒也还可以，但是中间孩子还是希望能有自己的新衣服，特别是像外套或夹克这样的大件衣服。

5．认真倾听中间孩子的解释和看法，了解他们的情况和处境。他们那种想极力避免冲突、不想挑是非的态度可能会让他们缄默不言，将想法全都藏在心里，别人不问就不说。所以你要主动问他们的想法：

"我想听听你是怎么看这件事的，我很想知道你真实的想法。"

6．要保证家庭相簿里或录影带里有中间孩子一定数量的照片和身影。不要让他（她）觉得到处都是兄弟姐妹的照片，而自己的照片屈指可数！还要保证一定要有中间孩子的单人照，不要总是让他们和大哥大姐或小弟小妹一块儿照。

16

如何培养家里的老小

/////////////////////////

对于家中的老小，我给父母的第一个建议是：小心被利用！当老小降临的时候，这个最后出生的可爱小鹰并不是家里的真正敌人。他（她）天生就这么招人喜欢，牙还没长齐，仅是一个微笑就能迷倒众生，这就是老小与生俱来的本事。在与老小的交锋中，真正的敌人其实是父母自己。

专制型的父母在教育孩子时会说："按我的方法去做！"

权威型的父母在教育孩子时会说："我希望你这样做，因为……"

但是放任型的父母会对这个小可爱说："你爱怎么做就怎么做吧，可爱的小家伙。"

逍遥法外的老小

为什么家长们对家中的大孩子那么不留情面，而对老小却总是法外开恩呢，难道老小有某种神秘力量可以让他逍遥法外？这似乎并没有一个明确的答案。也许家长们在教育孩子方面已经倦了，或者他们以为在养育孩子方面已经轻车熟路，所以对于老小也就变得粗心大意了。不管是出于什么原因，反正老小没干活或是让哥哥姐姐抓狂的时候，父母们总是睁一只眼闭一只眼，并不责难老小。在我看来，这就是老小的"花招"。（这些花招是老小的特异功能，比如说他会不断地去烦哥哥姐姐，把他们惹毛后，就会哭着嚷着跑向爸爸妈妈寻求保护。）

我在这方面可是个专家了，小时候我可没少烦我哥哥杰克。我喜欢叫他"上帝"，因为他长得又高又壮，比我这个家里的熊宝宝厉害多了。每当他放学回来的时候，我就会用只有他听得见的声音喊着："上帝回来了！"

杰克当然不喜欢我这么叫他，所以每次我一这样喊他，他就会打我。然后我就会跑到妈妈那里，她总是会向着我，杰克最后总是会惹上麻烦。要是他把我胖揍一顿，等爸爸回来后他铁定没有好果子吃。

畅销书作家查尔斯·斯文多尔有次和我一起录了一期广播节目，他和我分享了他在家里的冒险故事。他是家里的老小，上头有一个哥哥和一个姐姐，他经常觉得自己高高在上却又有种被压迫的感觉。他爆料说："以前我经常叫我哥哥'希特勒'。"

"真的吗？"我忍不住附和道，"也许他应该认识我的哥哥'上帝'。"

这个美国精神领袖愣了一两秒，然后我俩便会心地大笑起来。两个家里的老小找到了共同话题——回忆那个让自己的生活有些难过的哥哥。

把哥哥叫作"上帝"来激怒他只是小手段而已，我还有许多其他手段呢。逍遥法外的老小常常会通过控制人、扮小丑或是"娱乐大众"的手段来扰人清静。

现在我发现有些父母对于老小的魅力和把戏并不买账，并不是所有的老小都能享受错而不罚的待遇。然而，许多老小还是会用那句老话来控制父母："妈妈，我做不来！"这句哀求成了老小向父母（以及哥哥姐姐）求救的杀手锏，好让他们帮自己铲除生活道路中的障碍。

老小会很熟练地请求别人替他做作业。我接触过好几个这样的孩子。每天一吃完晚饭，他们就顶着一双无助的眼睛，把家里变成了辅导班，大家不得不帮他做作业。但是，督促孩子做作业与替孩子做作业可是两码事。很多家长陷得太深，还一直以为是在帮孩子。这当然是在害孩子，因为这样一来就扼杀了他独立思考的能力。

比如，我接触过一个七年级的孩子，他哥哥当时正面临高中毕业。在他上七年级的那个春天，他的父母看他在学校的表现实在是太差了，于是就把他带到了我这里。这孩子上面只有一个哥哥，所以他既是老二也是老小。

一开始我们并没有多大进展。这个孩子总是在学校里惹上各种各样的麻烦，他的父母不得不一次次往学校跑。最终孩子顺利通过了七年级的考核，但也只是险过而已。整个夏天我一直都在给他做咨询，到秋天的时候，他哥哥就去上大学了。这正是我们需要的突破口。在孩子上八年级的时候，他开始回应我给他设立的一些现实原则，并最终取得了一些成效。

我让父母对他使用的现实原则都是很基本的：

1. 要让孩子学会自立，不到万不得已千万不要帮他做作业。

2. 晚饭后如果该做的事没做完，就不准他进行任何娱乐活动，不能出去玩，不能看电视。该做的事包括做家务，当然还有做作业。

3. 不要让父母每晚都辅导好几个小时。（也就是上面说的要让孩子学会自立。）

后来，这个老小在八年级末的时候彻底转变了，在学校不再捣蛋了，做作业也不用老是缠着父母了，成绩提高了很多。其实，这个孩子原先是在哥哥的阴影下生活得太久了，风头都被哥哥盖过了，在他看来，哥哥比他长得高大，自信又有能力，难怪他会变得怯弱、不上进。就像我经常说的那句话一样："他自信的火苗被浇灭了。"但是一旦哥哥不在家里，他就开始发光发热了。

爸爸妈妈也舒了一口气，现在他们不再像以前那样为了让儿子及格每天晚上辅导他三四个小时了。一旦孩子发现自己有能力单独作战，一切都会发生改变。

我就是不喜欢上学

我也咨询过一些不爱上学的老小。我知道这是为什么，因为我小时候也有这种感觉。老小不爱上学，有时候是因为学习上遇到了困难或是能力不够，但多数情况是由于态度使然。

我相信如果那时我父母采取一点措施的话，我的成绩也不至于那么糟糕。

我妈妈那时不应该老是去找学校辅导员谈话，她不应该试图找出我出问题的原因，而是应该直截了当地对我说："孩子，成绩不好甭想去参加少年棒球队。"这样的话，我在六七年级的时候很有可能就浪子回头了。

但是爸爸妈妈从来没有这样吓唬我，也从来没有给我限制过什么。总之，他们就是很放任我，而我就抓住了他们这一点。比如，我得了一种怪病，一到周一和周五的时候我就会肚子疼。周五早上醒来的时候我就会感觉浑身难受，这样我就不用去上学了。但奇怪的是，一到下午的时候就会出现奇迹，只要一过3点，我的病马上就好了！然后整个周末我都会好好地，但是一到周一早上，我的肚子就又疼了。

我的毛病可不止一种。这种"为了使周末过得长一些，周五和周一就犯肚子疼"的毛病仅仅只是我的把戏之一。但是妈妈从来就不会发现异样，大概她才不会相信她的熊宝宝会对她撒谎吧，毕竟他疼得如此真实。

我还有一个把戏是，每当家里有很多活的时候，我总是会找一些"更加重要的事"来逃避干活。水槽里的盘子堆积如山，垃圾桶里也满满当当，但是我才不会让这些世俗的东西阻止我去干真正想干的事情。

是谁把老小娇惯成这样的？答案显然是："你说还能有谁？当然是父母啦。"这个答案也不全对，因为宠老小的可不止父母两个人，有时候家里的其他孩子也逃不了干系。老小被娇宠的程度取决于他何时何地降临到家中。我们来看看下面这个由三个姐姐和一个弟弟组成的家庭：

家庭M

女孩——11岁

女孩——9岁

女孩——6岁

男孩——3岁

在这个家庭中，家里有姊妹三人，而男孩却只是孤零零一人。在这种情况下，母亲与儿子的关系一般是最紧密的。生了三个女儿后，小哈罗德当然就成了家里人的宝贝，对妈妈来说尤其是这样。即便几个姐姐向妈妈抱怨弟弟的烦人行径，妈妈还是会向着儿子。

这儿的老三还经常处于劣势的地位。两个大点的女孩如果想要施展母爱的话，那么无论出现什么样的争执，她们都会站在弟弟这边。相反，如果姐妹三人都觉得弟弟是害虫，并且母亲还要让她们经常照顾弟弟的话，她们就会变得非常反感。

我们再来看看另一个家庭中老小的特殊地位。在下面这个家庭中，老大是个女儿，老二老三是儿子，老小是个"小公主"。家庭图示是这样的：

家庭N

女孩——13岁

男孩——12岁

男孩——10岁

女孩——4岁

往好的一面看，4岁的小女孩会很幸福，因为有两个哥哥会保护她，但前提是她不是个麻烦鬼。在两个哥哥的细心照料下，她会对男性的印象极好，认为他们都是和善又体贴的。从姐姐这儿她也能得到更多的照料和关怀，要知道长女可是最喜欢照顾人的了。

坏的一面是，这位小公主会理所当然地认为整个世界都应该围着她转。她会成为爸爸的掌上明珠，而且会缠着爸爸要任何她想要的东西。如果事情变得更加离谱的话，这个小女孩长大后就会自以为是地对所有男人都耍这种手段，而且她的婚姻生活也很有可能会不如意。

老小是怎样变得怯懦的

如果父母对老小过于纵容，最严重的一个后果是，老小会认为一切都唾手可得，把所有事情都想得过于简单，等到他长大成人步入社会后，就会发现自己还没准备好。那时候各种困境会让他措手不及。

我曾经给一个母亲（寡妇）和七个孩子组成的家庭咨询过。这个家庭里最大的孩子是女儿，接着是两个女儿和三个儿子，最后一个是女儿，比最小的哥哥还小7岁。父亲在小女儿13岁的时候就去世了。我给这家人做咨询的时候，小女儿都已经26岁了，但什么事都还得靠妈妈。在过去的13年里，母亲是和小女孩单独住在一起的，在父亲去世的时候，其他孩子都已经搬出去了。

这个女孩一直都活在母亲创造的温室里，她母亲把她护得严严实实的，不让她受一点儿伤害。我见到这个女孩的时候，她看起来很无知，整个人一点自信都没有。她做过的最具挑战的事就是打扫屋子和照看小孩。

这实际上是家长过分宠爱孩子不让孩子长大的一个极端例子。这种现象并不少见，有些家长虽然没有像这位母亲那样宠爱孩子，但对孩子也还是太过放纵，把孩子生活道路上的障碍扫得太干净了。父母对孩子太过骄纵，反而会让孩子变得无用，至少会让他在某些方面有缺陷。

老小的另一面

在这本书里，我一直想要强调的是，世界上没有两片相同的叶子，出生次序一样的两个人也不例外。每个老小身上都会有不同的特点。由于一些变量的原因，老小之中肯定也会出现"变体"，其他出生次序的人亦如此。实际上，我和桑德就已经在我们"第二个家庭"里见证过年龄差距造成的"变体"了——汉娜比儿子小凯文小9岁半，劳伦又比汉娜小5岁半。

汉娜名义上是"第二个家庭的老大"，但在我看来，她看起来虽是个顺从的老大，但是行为举止跟老小没有什么差别。我们需要注意的是，在劳伦出生的前五年半里，汉娜一直都是家里的老小，等到劳伦出生的时候，五岁多的汉娜基本已经形成了自己的生活方式。那时候，汉娜有五个"父母"来疼她——我、桑德，还有她那三个哥哥姐姐。在汉娜眼中，我们高大、慈爱、有能力。

我们对汉娜很宠爱，事实上我们下了很大的决心才决定对她实行现实原则，以避免她被我们宠坏。当我们去亚利桑那大学观看篮球赛或是出席其他公共场合，我们经常会带汉娜一起去，我们的朋友一见到她就爱不释手，争相要抱她、逗她。现在汉娜已经22岁了，她安定乖巧，讨人喜爱，自己也很会找乐子，她也喜欢上学，还喜欢她的老师们。汉娜一直都想当个老师，大学学的是特殊教育，现在已经毕业。她还一心想要去非洲等地为贫困人群服务。汉娜浑身上下都是老小的影子，她有决心，有理想，将来一定会走得很远。

至于劳伦，她绝对是莱曼家最后一节车厢了。不过，她虽然是真正的老小，但她的行为举止倒更像是老大或是独生女。劳伦做事周到谨慎，十分善于分析，这可是独生女或老大的典型特点。我不知道她为什么会如此谨慎，或许是家里的大人对她影响太大了吧。如果说汉娜有五个父母，那劳伦就有六个！劳伦出生的时候，汉娜的生活方式已经完全形成，在劳伦眼里，5岁的汉娜也是个强壮、有能力、无所不知的小大人了。

我之前就提到过，劳伦2岁的时候就把自己的小录音带排成一排，然后按顺序一次玩一盒，这让身为老小的爸爸很是吃惊。但这还不算什么，还有比这更让人吃惊的。有一天我发现劳伦在玩汉娜（7岁）的电子玩具，那玩具是专门帮助孩子学习拼写单词、做数学题和练习阅读的。那时候劳伦才2岁半，她竟然把开关打开了，然后玩具里传来了"你好！请选择类别"的声音。

这个玩具是具有延时功能的，如果没有收到指令，它就会一直发出这个声音。当时劳伦并没有发现我，于是我就躲在一边观察，看看她如何反应。

我很好奇，她接下来会怎么做呢？后来，当那个声音重复好多次后，劳伦俯下身子，把手做成喇叭状，然后对着那个玩具说道："女士，我不会！我才只有两岁啊！"

那一刻我突然意识到，我这个2岁的小女儿实际上是我们的独生女，或者至少实际上就是一副老大的样子。

老小经常被管教

之所以说起莱曼"第二个家庭的老大"的故事其实是想说明一点，那就是：老小的特点也可能会千变万化。你可能是老小，但是却一点儿也不娇生惯养。家里最小的那个孩子可能并不是我们所认为的那种善于操控他人的人，甚至这个老小还是大家操控的对象。说来可笑的是，虽说老小一般会被家里人视为掌上明珠，受到家里人的疼爱和保护，但是有时候老小也会受到更多的约束和责罚，尤其是受到哥哥姐姐们的约束和责罚。

出生次序专家认为，老小在"处理信息"方面往往会有困难。换言之，他们在理解东西方面很困难。大点的孩子看起来很聪明，很有权威，知道的事情也多。尽管大孩子在教育老小的时候有时候并不对，但是在老小看来，哥哥姐姐说的都是对的，因为他们比自己大、强壮，而且更"聪明"。

作为家里的老小，我现在还清楚地记得，小时候莎莉或杰克纠正我的错误时，我总是觉得自己实在是太笨了。而大我五岁的哥哥杰克在纠正我的错误时总是采用最简单粗暴的方式：打我。

当然，我也是罪有应得。我经常耍无赖去烦哥哥，等到他实在忍无可忍要打我的时候，我就会尖叫着去找爸爸妈妈，然后我的哥哥就遭殃了。但是我也不能高兴得太早，杰克总会找时机加倍奉还给我。等到哪天爸爸妈妈不在家的时候，杰克就会将我逮个正着，然后揍我一顿，这时我的眼泪也只能往肚子里咽了。但是他也不会打我太狠，往往只是点到为止，好像是为了教我一些基本规矩才打我的。

但是有一次例外。8岁那年，我躲在鸡舍后面抽烟的时候被杰克逮了个正着。那次他没有打我，而是直接去告诉了爸爸妈妈。我的后果可想而知。当晚，我没有吃晚饭就上床睡觉了，这对于逍遥法外惯了的老小来说，可真是个严厉的惩罚啊。

对于大姐莎莉，要招惹她可不是一件容易的事，但有几次倒是令她气得抓狂，我的脑海里现在还能清楚地响起她的尖叫："妈妈，你能把他弄出去吗？"她还会抱怨说："你什么事都由着他，就算他无理取闹，你也不责罚他，我像他这么大的时候，怎么就没有这么好的待遇？"

但是，我得逞的机会并不多见，大多数情况下，莎莉还是把我治得服服帖帖。作为我的第二个妈妈，每当我无理吵闹或者油嘴滑舌的时候，她总有办法让我改进。她不会说"不要那样做""你怎么回事？怎么就这么不争气？"之类的话。要知道，要是别人（包括父母、老师）用那种语气对我说话，那无疑是火上浇油，我只会更加得寸进尺。

但是莎莉的做法就不一样了。事实上，她就像个业余的心理专家。每当我调皮捣蛋的时候，莎莉就会说："你真的要这样子吗？"这时我表面上会极力装着一副无所谓的样子："是啊，这多好玩呀。"但是我心里很清楚，那时莎莉就已经在我的身上播下了一粒种子，这粒种子在我上高中的时候被我的数学老师浇灌着，而后等我在图森医疗中心看大门的时候又被一名美丽的护士助理悉心呵护过。

北园大学真是个醉酒的好地方

在很多方面，我都是一个非常幸运的老小。北园大学打电话邀请我去参加年度校友会的情景至今历历在目，当时他们要给我颁发"杰出校友奖"，并要我做重要的演讲嘉宾。说实话，我当时十分吃惊，但是并没有让对方察觉。我虽然没有做过多少调查，但是我敢肯定，像我这样因为盗用公用基金而辍学、30年后又被学校颁发"杰出校友"称号的人能有多少呢！

我答应了北园大学的邀请。然后我回到母校，接受了我的奖项，并在校友和全体教职工面前做了演讲。有些还记得我的老师看到我的转变后惊讶不已，他们还以为我"大部分时间"应该在某些刑罚机构里呆着呢。

我在观众席中看到了当年的舍监卡罗尔·彼得森。有一天晚上（早已过了宵禁），这个卡彼（我们当时这么叫他）将躺在一层和二层之间的楼梯平台上的我和室友比格尔逮个正着，当时是我俩第一次（也是最后一次）喝波特酒。

我们睡得很死，看样子已经打算在楼梯平台上过一夜了，但是卡彼将我们摇醒，并一个劲询问我们的宿舍号。但是由于酒精的作用，我们根本就想不起来房间号，于是我拿出了我的宿舍钥匙，通过钥匙他知道了我们的住处。然后他就偷偷将我俩扛到了宿舍的床上。

我们的这个行为很恶劣，学校要是知道了肯定会将我俩开除的。但是卡罗尔·彼得森并没有揭发我们。这个好心人后来成为了教导主任，深受学生们的爱戴。

那次演讲上，卡彼应该是在场的人中最捧场的。当我说到当年能被北园收留真是件幸运的事的时候，卡彼笑得尤其欢畅。没错，我还说道，北园也是个醉酒的好地方，尤其还有那么一位好心的舍监！我还说道，我很幸运能遇到卡罗尔·彼得森这样的人，他十分了解大学里的孩子，他也知道马路上小小的石块和大坑的区别。

对了，还有一个小细节：要不是在北园大学里学到的那24个单元，我后来也不会进入亚利桑那大学读书，更不会获得学士学位、硕士学位以及博士学位。

玫瑰，还是荆棘？

在成长过程中，由于老小的生活总是顺风顺水，做错事了往往也能逍遥法外，所以就算老小在生活中真的遇到了麻烦，他们也会极力否认是自己造成的。我们前面其实已经说到了两点，我将它们总结如下，并增加了第三点：

1. 过分宠溺老小，老小将永远长不大，无法独立起来。在所有的出生次序当中，老小是最有可能在上幼儿园之前连鞋带都不会系的，因为哥哥姐姐会代劳。老小也是干家务活最少的，因为家人很少会叫老小做，就算叫老小做了，他（她）也会耍花招叫哥哥姐姐来做。但需要记住的是，家里的每一分子都应该贡献自己的力量。小孩子也可以帮着收拾一下乱糟糟的客厅或是清理一下垃圾桶——如果他（她）力气不够大，还不能将垃圾袋拎到指定的回收处的话。

2. 老小会受到来自哥哥姐姐们的打骂、压力、怨恨和嘲笑。要搞清楚老小什么时候是真的有麻烦了，什么时候是在耍诡计，父母们有时候真得要有魔力水晶或者新型的计算机软件的帮助才行。我在给身为老小的父母做咨询的时候，经常建议他们，如果不知道谁对谁错，那就索性不要去管，让老小自己去处理问题，即便有时候是真的被哥哥姐姐嘲笑或胁迫了。

3. 由于是家中最后一个孩子，老小不管做什么都见怪不怪。在他（她）之前，哥哥姐姐早就学会了说话、读书、系鞋带、骑自行车等。所以我们要面对这个现实。当老小满心欢喜地把手工课上做的粗里粗糙的笔筒和压纸器拿回家给父母看的时候，父母很难会由衷地表现出兴奋不已的反应，毕竟他们早已见怪不怪了。

家庭问题专家伊迪斯·内瑟尔捕捉到了老小的无奈——他们做的一切都仿佛不是什么大不了的事。她引用了一个有哥哥姐姐的八年级孩子的话：

不管我做了什么，都不重要。当我高中毕业的时候，他们就要大学毕业或者就要结婚了；等我从大学毕业后，姐姐可能都有孩子了。就算我死了，对我的家里人来说也不是什么新鲜事，那时候家里可能都没人在世了。

如果你家里有个初中生，你可能就听到过这样夸张的话，但是我们不得不承认，这个女孩本质上说的没错。最关键的一句话是："那时候家里可能都没人在世了。"每位家长都应该深刻反思一下：我对小哈罗德的"第一次"给予足够的关注了吗？没错，我是已经见过不下三四个压纸器了，但这可是他第一次做的压纸器啊！我应该像当初对待哥哥姐姐那样，给予他足够的关注。

至少，一定要让老小感受到他在这个家中也是一个特别的存在。这可不是老小在耍把戏，这是精彩生活的一部分。小凯文7岁的时候，有一天，车上就我们两人，于是我开玩笑地问他："要是你妈妈再生个孩子，你介意吗？"

小凯文沉默了很长一段时间，认真思考着我的问题。最终他说道："只要是个女孩我就不介意！"

当然，这个问题不过是胡诌出来的，当时我和桑德可没打算再要个孩子，但是我们都知道，有了小凯文的这句话，就算以后我们打算要孩子了，也已经没有后顾之忧了……

// 养育老小的7大建议 //

父母对于老小总是会不自觉地放松、懈怠，在教育老小时父母一定不要忘了自己的责任和义务。建议如下：

1．老小有义务分担家里的活。老小干活少有两点原因：（1）他们很善于逃避自己该干的活；（2）他们那么小、那么"无助"，于是家里人都不让他们干了。

2．老小犯的错涉及原则性问题时，一定要加以责罚，不能任由他们逍遥法外。有数据表明，老小是最不受管束的，他们最不愿像哥哥姐姐那样懂事、守规矩。所以你有必要记下自己是如何让其他孩子承担责任的，并且也要给老小立下同样的规矩。

3．在不娇惯老小的同时，父母也要确保老小不受委屈和欺负。老小总是觉得"我做的事都不值一提"，所以对于老小的成绩你要给予足够多的重视，在家里一定得要留有一角（如冰箱门）来展示他的学校作品、图画及奖状。

4．引导老小养成每天阅读的习惯。当老小6个月大的时候就可以让他读那些彩色图画书了。当孩子自己开始学着阅读的时候，家长就没必要再帮他读了。对于老小来说，他们能不阅读就不阅读，要是有人能读给他们听自然是最好不过的了。所以，这也就不难理解为什么老小往往是家里最不擅长阅读的人了。

5．如有必要，可以吓唬吓唬老小。我一直都觉得要是父母在我上学那会儿能对我严厉一点就好了，那样的话我在学校也不会那么无法无天，成绩也不会那么糟糕了。但是他们从来就没有给我施加压力。他们从来都没有吓唬我说："要么好好学习，要么就别想参加棒球队了！""作业没做好就别想看电视。"

6. 在老小的成长过程中，一定要抽出足够的时间陪伴他们。当家里有三四个孩子的时候，父母的精力都被分散了，压力可想而知。作为父母，你是不是因为要应对各种各样的事情而很少去关注老小？手中的事情能推则推，一定要抽出时间陪伴孩子。

7. 对了，别忘了给老小找个老大成家，要知道老小和老大的婚姻幸福的概率可是很高的！

后记 | 无 法 替 代 的 爱

　　对于有些事情，你知不知道个所以然并不是最重要的，不是什么事都得依靠知识、技巧和技术才能解决。就算你读尽天下书，使遍所有的技术，用掉所有的词语，有一样东西始终是不可缺少的。它是每个父母的秘密武器，对于所有出生次序的孩子都适用。我说的这样东西可不是像你学电脑或学开车那样学来的。这样东西打你出生开始就一直都存在，然后随着时间的流逝慢慢地、有时甚至是痛苦地发展开来。当你开始想它到底是什么的时候，其实你已经进入状态了，当你意识到生活的本质的时候，你就回到了原点。

我以为我们的家庭圆满了，没想到……

　　这件事就发生了在我的身上。当时我和桑德觉得不会再要小孩子，没想到几年后我们就意外迎来了"第二个家庭"。我不知道是否有很多人像我一样，本来就已经有三个孩子了，而且也没打算再要孩子，可没想到四十多岁的时候，竟然又不知所措地迎来了两个孩子。那个时候，连父母本人都不知道"孩子的到来到底对不对"。在这里，我要用自己的亲身经历告诉你那会是怎样的一种体会。在我看来，无非有两种变化，一个是家里又多了一个小不点；一个是曾经消失的晚间娱乐节目又要开始上演了。

1986年圣诞节前，桑德突然打电话话到我办公室，说是要和我一起出去吃晚饭，我当时着实吃了一惊。

正当我们吃得尽兴的时候，桑德突然给我一张她做的贺卡。桑德一直以来都是那么周到，那么富有创意，所以我在读卡片封面上的问题时，我丝毫没有怀疑什么。封面上写着：

"你准备好去改变一下你的暑假安排了吗？"

"你准备好忙活到很晚了吗？"

"你准备好改变一下你的日程安排了吗？"

我一脸茫然地打开卡片，里面是一个说着"圣诞快乐"的圣诞老人，怀里抱着一个咧嘴笑的婴儿。

我不可置信地看着桑德，她点点头。顿时我再也抑制不住兴奋和喜悦，情不自禁地发出欢快的声音，惹得邻座一阵诧异。我们家的"第二个家庭"就要迎来第一个家庭成员了。

我寻思着将这个消息告诉家里那三个孩子的情形，不用说姑娘们肯定会激动坏了，倒是8岁的小凯文很让人担心，毕竟这个小婴儿一出生，他的专宠地位就要让步了。但是你猜结果怎么着，14岁的霍莉一听到这个消息显然是惊住了，在一旁一言不发。12岁的克莉丝一直哀号："我不要听！我不要听！"

我到现在都没明白为什么女孩们会是这样的反应。也许她们已经习惯了现有的家庭生活，要是再来一个孩子，一切都得大变样！也许她们是觉得尴尬，因为她们以为父母早已经不再"做那些事情"了。

当我们坐下来准备和小凯文说这事的时候，我是非常担心的。我甚至想过不要告诉他这个消息。或许可以等到孩子长到三岁的时候再告诉他！

我和桑德看着小凯文，我一本正经地说："我们有件事要告诉你。"

"什么事，爸爸？"

我努力想要使自己振作起来，像一个专业的心理学家那样应对这种局面，但事实是我却在那里支支吾吾起来。桑德看不下去了，于是就直截了当地说道："我们马上就要有小婴儿了。"（老大总是这么直接。）

　　我深吸了一口气，等待小凯文的狂风暴雨。但出乎意料的是，他只说了句："这……太厉害了！"

　　"厉害？"我一头雾水。

　　"爸爸，我的意思是……这太好了。"

　　"是……是的，没错，"我装作听懂了小凯文这个年纪的"流行语"。

　　小凯文给了妈妈一个拥抱，说道："这太棒了。对了，爸爸！"

　　"什么？"

　　"我们现在是不是要去商店买尿布了？"

　　小凯文得知至少要六个月后再考虑去买尿布后很是失落，但是总的来说他还是很开心的，因为他再也不用当家里的老小了，他可以当哥哥了。没过几天，霍莉和克莉丝又和我们和好了。当女儿伊丽莎白出生后，她们恨不得立马将她从医院接到家中，好帮着妈妈一起照顾她。

　　孩子们也绝对不是只有三分钟热度。他们时刻都准备着帮着桑德照顾伊丽莎白，也就是说，这个小女孩可是有五个父母爱着她——最有力的证明就挂在我们家的墙上，那是在伊丽莎白两岁的时候，霍莉给她写的诗：

致汉娜·伊丽莎白·莱曼

1987年6月30日出生

她的肌肤是如此温暖柔嫩，光滑得没有一点瑕疵，

小小的身体现在还是一张白纸，它的存在是上帝的旨意。

她是那么天真无邪，那是我们应该毕生追求的本质，

这个天真的孩子，她是上帝的新生儿，她就要开始她的冒险。

　　　　　　　　　　　　　　　　　　　　——霍莉·莱曼　14岁

　　不知你有没有留意，我一直说汉娜是我们"第二个家庭"的老大。也就是

说，我们在汉娜后面还有孩子——即便生汉娜的时候，桑德已经42岁了，我已经44岁了。很多读者（尤其是女性）不禁纳闷了——莱曼，你这个大混蛋，你难道不会去结扎吗？

好吧，我得好好解释一下。汉娜出生后，我就去找医生咨询过该如何结扎，他说步骤很简单，他还说我肯定知道是怎么回事。事实上我一点也不知道，于是我就让他简单解释一下什么是输精管切除术。

"很简单。我们只要在这里放一片金属夹，然后在那里放一片金属夹就好了……"

金属夹？听着多瘆人。看来我们还是在平常的措施上花点力气吧，不管上帝给我们送来什么，我们都接着。说来羞愧，作为一个父亲和一个丈夫，我总是将避孕的事情留给我妻子桑德，就像许多（甚至是大多数？）男人一样。我当初应该勇敢忍受那两片金属夹的，但是现在回想起来，我很庆幸我当时那么胆怯，不然我就不会有这么两个可爱的女儿了。

"别告诉我你又怀孕了！"

汉娜虽说是大家的小公主，但是她身上应该更多地形成了一些老大的特征，毕竟她和哥哥相差了那么多岁。但是，事实却不是这样的。由于我们的宠爱，汉娜本质上还是个可爱又活泼的老小，同时她的身上还具备了一些妈妈的优良品质。在劳伦到来前的五年半时间里，汉娜一直都是家里的"吉祥物"。

1992年2月，我开车载着一家人去加利福尼亚的迪士尼公园里过周末。正当我们尽情地享受这"最美好快乐的地方"时，我发现平时精力充沛、充满笑容的桑德却有点恍恍惚惚的。

星期天下午我们离开了迪士尼，作为一个典型的男性动物，我打算"不作停留，一开到底"，在午夜前回到图森。于是我们就上了南边的8号州际公路，然后一路向东行驶。等我们到达圣地亚哥城的拉梅萨郊区的时候，桑德开口说话了："我们得停一下。我想吃点东西。"

"好的，我们可以在免下车快餐店买点东西吃，我想一直开回去。"

当我们开车驶入椰子餐厅的时候，说实话我并不太开心，要知道趁着我停下来吃东西的当儿，我先前好不容易超过的车此时就会一个个赶上来，并离我而去，那种感觉真是讨厌极了！我们点了餐，然后就在座位上等着食物的到来，等着等着，桑德突然就哭了起来，我不知所措地问道："怎么了？"

桑德只是一个劲地说："我感觉不太舒服。"

我们14岁的儿子凯文突然觉察到了什么，脱口而出："她怀孕了！"

"你妈妈才没有怀孕，"我一边说着一边看着桑德，脸上写满了"快说你没有怀孕"。

但是桑德十分肯定地点了点头，脸上的泪水顿时倾涌而出。我们马上又要迎来一个孩子了！这次我并没有激动得欢呼起来，更多的是惊慌与挫败感，甚至还有一点愤怒。很明显她已经怀孕有些月份了，我竟然一直都没发现，最后还是我的孩子发现的！当桑德坚定地说"现在快去叫医生"的时候，我还沉浸在自己的情绪中。

"哪个医生？"我惊愕地大声问。桑德报了产科医生的名字，然后指导我该问些什么问题。她不停说着自己的情况，很害怕会失去这个孩子。我立马赶到投币电话那打电话。我很幸运，电话很快就接通了。医生关切又直接地命令道："别再折腾她了，快找个汽车旅馆让她好好休息，明天尽快把她送到我这儿。"

然后我回到桌前，发现桑德孤零零坐在那儿，孩子们都不见了。我当时脑子里立马闪现了一个念头：难道他们都逃跑了？

后来我知道，凯文带着汉娜散步去了，另外两个孩子回到了屋里，克莉丝不停抽泣着，霍莉没有头绪地翻着圣地亚哥的大黄页。

吃完晚饭后，我们马不停蹄去找汽车旅馆了。由于是星期天晚上，大部分旅馆都已经满客，但最后还是在一家旅馆里订到了一间配有双层床的房间。那天晚上我基本上一夜未眠。我的脑海里不停回响着：她不能怀孕，她不能怀孕……

我不停地思考着医生说的话"她要是不小心的话就会失去孩子"。我们这个年龄又做父母的话会是怎样的一番情景呢？桑德现在46岁，我48岁，等到这个孩子出生的时候，桑德47岁，我49岁！也就是说，等我们70岁的时候，这孩子才刚从大学毕业！

第二天早上我们就出发了，一股阴郁的气氛笼罩着整个旅程，大家都在思量着以后的生活将发生怎样的变化。凯文和汉娜并没有因为这个突如其来的消息而受到多大的影响，尤其是5岁的汉娜，她一点儿也没有即将要被"夺去宠爱"的恐惧。相反，她很期待妹妹的到来，这样她就可以施展母爱了。

19岁的霍莉和17岁的克莉丝一听到这个消息，她们的反应不比五年前知道汉娜要来的消息时的反应好到哪里去。她们只是静静盯着窗外，我敢肯定她们在想"汉娜那会儿也就算了，但是爸爸妈妈现在都这么大的年纪了，怎么还做那事儿！"我可以想象霍莉和克莉丝又在合作写另一首诗了：

噢，爸爸妈妈，

我们很爱你们，

但是难道你们不知道

不知道孩子是怎么出生的吗？

我们飞快地回到了家，然后我立即载着桑德朝医生那奔去。在家卧养几天后，我们又见了产科医生。这时候我的心情已经平复了一些。桑德现在属于高龄产妇，危险极大。医生开始一个劲地说这个孩子身上可能发生的糟糕情况。桑德还是一副典型的老大架子，她直勾勾盯着医生，平静地说道："你告诉我这些干吗？"

医生无助地看着我，好像在说："快帮我离开这儿，哥们！"

桑德很快就让医生明白，他说什么都无济于事。桑德是不会去堕胎的，她一定要义无反顾地将这个孩子生下来。

只有一件事是绝对的

从迪士尼回来后不久，我就到东部出差了。出差结束后我顺道去看了看位于纽约肖托夸湖畔上的那个夏天的度假屋。在返程的路上，我还在水牛城做了停留，拜访了我的挚友穆尔黑德及他的妻子温迪。对于这个突如其来的孩子，我已经不像一开始那样吃惊了，但我还是会忍不住地发发牢骚："你能想象吗，等我都67岁了，我孩子才刚上高二！"这时温迪就会一针见血地反问道："这个小家伙难道还有更好的去处？"

她这么一说，我立马停止了自己的牢骚。那一刻我明白，我不能再这样怨天尤人下去了。是的，没错，我是开玩笑的，但是在这些玩笑背后，我的感受是："为什么是我们？为什么是我？"

对于温迪那个问题，我必须再考虑几个月才能回答出来。没错，这世上年轻、有活力、反应灵敏的父母多得是，但是他们会像我们那样爱这个小家伙吗？

我对温迪说："你说得对，你说得非常对。谢谢。我需要醍醐灌顶一下。真的。"

温迪的意思其实就是说，每个父母都有别人不可替代的秘密武器，那就是对孩子（以及配偶）无条件的、全心全意的、不惜牺牲自己的爱。从那刻起，我就不断地对自己说：我不能再抱怨了。我是桑德的搭档，是她的帮手。她自己已经很难受了。她也没有想到会这样。

在回图森的航班上，我一直都在思考该如何和桑德表达我的新态度，要知道我离家去出差的时候，心情可没有现在这么积极，也没有那么支持她。当我回到家的时候，桑德还在不停担心孩子的健康。我不断安慰她，和她说着报告上积极的方面，然后语重心长地对她说："这些天来我只顾着自怨自艾，没能全力陪在你的身边，我真是个混蛋。在这次出差回来的途中，我拜访了穆尔黑德的家，温迪狠狠地说了我一顿。她问我是否能想到一个更适合这个小家伙去的地方，我马上就醒悟了。"

有那么一会儿，我不知道熊妈妈桑德是否能理解温迪的话。但是没过一会儿，桑德笑着看着我，眼里熠熠生辉。我知道，她已经原谅我了。我也知道，这个孩子是我们最好的礼物，他将带给我们数不尽的欢乐。

我从来没想过我会庆幸自己当年会对那两片金属夹退缩，现在看来，我确实为当年的怯弱付出了幸福的代价。劳伦出生时安然无恙，她的到来是我们家最幸福的时刻之一。

当然，照顾汉娜和劳伦可不是件轻松的事，说实在的，我和桑德也确实被这两个小家伙搞得焦头烂额。有很多次，我们都不确定能否安然度过那些夜晚。但是每一次我们都挺过来了。等到劳伦6岁上学的时候，桑德终于有了自己的时间和空间。

至于我嘛，我总是对未来劳伦毕业时的情形做各种设想。等到2010年的时候，我67岁，劳伦18岁，她将大踏步走向讲台领取自己的高中毕业证书。我总是控制自己不要去设想这个场景，但是我脑海里的这个场景总会以各种各样有趣的方式被唤起，比如说，劳伦上幼儿园时，有次我和劳伦走到校门口，一个爷爷模样的人倚在他车子的翼板上，显然是在等人。我们经过他身边的时候，他一脸笑意地看着我们，说道："我的孙子也在这个学校。"

我马上纠正了他："先生，这实际上是五个了。"

"什么！你有五个孙子孙女！你真是幸运！"

那天我和劳伦走进校门的时候，我忍不住笑了起来。没错，我应该好好和他理论一下什么叫"看起来像个爷爷"。但是有一件事他说得没错，那就是一直以来我都很幸运。

// 关于出生次序的6大要点 //

1. 出生次序固然重要，但它只是影响人生的其中一个因素而已，它并不能决定人生的最终样子。

2．父母教育孩子的方式同孩子的出生次序、年龄差距、性别、身心特征同样重要。关键在于，父母提供的家庭环境是有爱、温暖、易接受的，还是冷漠、疏远、严厉的?

3．每种出生次序都有各自的优缺点。父母必须接受孩子的优缺点，帮助孩子发展优势，改变劣势。

4．没有哪种出生次序是最好的或是最理想的。老大们看起来似乎个个都成就非凡、占尽了头条，但是老小也不赖，他们在很多领域都很有出息，所以一切还是取决于每个人自己。

5．出生次序理论并不能理所当然地界定一个人的特征，任何关于性格发展方面的系统都做不到。出生次序理论下的数据和特征仅仅只是从生理、心理、情感等方面给予你大方向的参考而已。

6．出生次序理论下的一些基本原则并不是解决问题的特效药，也不可能会让你在一夜之间改变性格。改变自我一直以来都是人们最艰难的任务，它需要花费巨大的努力和决心。

/ "出生次序猜一猜"答案 /

● ● ○ ● ●

他们到底是家中的老大、老二，还是老小呢？看看你猜对了吗？

1. 小时候，我的姐（妹）可爱又爱演戏，犯点啥事的时候，说些花言巧语，就能轻松逃避责罚。现在她是公司里的销售能手，非常成功。

答案：老小

2. 比起书本来，我倒更愿意和人打交道。我喜欢挑战问题，我喜欢被人簇拥着的感觉，那会让我很自在。

答案：中间孩子

3. 我的兄弟叫阿尔，就是阿尔伯特·爱因斯坦的那个阿尔，之所以取这么个名字，是因为他的数学和科学实在是太棒了。他现在是名工程师，绝对的完美主义者。

答案：老大

4. 我真搞不懂我丈夫。他的那个工作室总是乱糟糟的，可神奇的是，他总能找到自己想要的东西。

答案：老大

5. 我的朋友是个特立独行的人。她有许多朋友，却不过分黏人，总是保持一种独立的姿态。她善于调解争吵，跟她姐姐（妹妹）的性格完全相反。

答案：中间孩子

6. 比起同龄人，我倒是和比我大的人相处得更好。有人认为我高傲自大，总是以自我为中心。但事实上，我不是。

答案：独生子女

/ 美国总统及他们的出生次序一览表 /

• • ○ • •

乔治·华盛顿——家里第五个孩子（父亲再婚后最大的孩子），比最小的那个同父异母的孩子小10岁

约翰·亚当斯——老大，下面还有两个弟弟

托马斯·杰斐逊——老三，家里的长子

詹姆斯·麦迪逊——十二个孩子中的老大

詹姆斯·门罗——五个孩子中的老大

约翰·昆西·亚当斯——五个孩子中的老二，家里的长子

安德鲁·杰克逊——老小，上面有两个哥哥，比小哥哥小两岁

马丁·范布伦——五个孩子中的老三，有三个继兄弟姐妹，比他上面的孩子小两岁

威廉·哈里森——七个孩子中的老三，家中的长子

约翰·泰勒——八个孩子中的老六，家里的二儿子，比哥哥小两岁

詹姆斯·波尔克——十个孩子中的老大

扎卡里·泰勒——九个孩子中的老三，家中第三个儿子，比小哥哥小两岁

米勒德·菲尔莫尔——九个孩子中的老二，家里的长子

富兰克林·皮尔斯——父亲的第七个孩子（父亲再婚后八个孩子中的老六），比小哥哥小一岁

詹姆斯·布坎南——十一个孩子中的老二，家里的长子

亚伯拉罕·林肯——父亲第一次婚姻中三个孩子中的老二，家里最大也是

唯一存活下来的儿子

安德鲁·约翰逊——三个孩子中的老小，家里的二儿子，比哥哥小四岁

尤里塞·格兰特——六个孩子中的老大

拉瑟福德·海斯——五个孩子中的老小，比小哥哥小七岁，中间有两个姐姐

詹姆斯·加菲尔德——五个孩子中的老小，比小哥哥小五岁

切斯特·阿瑟——九个孩子中的老五，家里的长子

格罗佛·克利夫兰——九个孩子中的老五，比小哥哥小两岁

本杰明·哈里森——十三个孩子中的老五（父亲再婚后十个孩子中的老二），比小哥哥小一岁

威廉·麦金莱——九个孩子中的老七，比小哥哥至少小五岁

西奥多·罗斯福——四个孩子中的老二，家里的长子

威廉·霍华德·塔夫脱——十个孩子中的老七（父亲再婚后五个孩子中的老二），比小哥哥小两岁

伍德罗·威尔逊——四个孩子中的老三，比小哥哥小六岁，中间有一个姐姐

沃伦·哈定——八个孩子中的老大

卡尔文·柯立芝——两个孩子中的老大（父亲第一次婚姻中的孩子）

赫伯特·胡佛——三个孩子中的老二，比哥哥小三岁

富兰克林·罗斯福——二儿子（父亲第二次婚姻中唯一的儿子），和同父异母的哥哥相差二十九岁

哈利·S. 杜鲁门——三个孩子中的老大

德怀特·艾森豪威尔——七兄弟中的老三，比小哥哥小一岁

约翰·肯尼迪——九个孩子中的老二，比哥哥小两岁

林登·约翰逊——五个孩子中的老大

理查德·尼克松——五兄弟中的老二，比哥哥小四岁

杰拉尔德·福特——父母第一次婚姻中唯一的孩子（另外有三个同父异母的弟弟妹妹和三个同母异父的弟弟妹妹）

吉米·卡特——四个孩子中的老大

罗纳德·里根——两个孩子中的老小，比哥哥小两岁

乔治·布什——五个孩子中的老二，比哥哥小两岁

比尔·克林顿——独生子，母亲再婚后多了个同母异父的弟弟

乔治·W. 布什——六个孩子中的老大

巴拉克·奥巴马——父母婚后的独生子，上头有个比他大九岁的同父异母的姐姐

/ 关于凯文·莱曼博士 /

●●○●●

作为一名著名的心理学家、演讲家及广播电视名人，凯文·莱曼博士用他风趣幽默的风格向世人展示了他的智慧以及心理学常识。

他是《纽约时代》畅销书及获奖作家，《五天拥有一个全新的孩子》及《出生次序之书》一经问世，就受到大家的热烈追捧。成百家广播及电视节目都向他抛出了橄榄枝，包括《福克斯和朋友们》、《The View》、福克斯电视台的《早间秀》、《今日秀》、《奥普拉脱口秀》、CBS电视台的《早间秀》、《里吉斯·菲尔宾脱口秀》、CNN电视台的《美国早晨》、詹姆斯·罗比逊的《今日生活》、《聚焦家庭》等。此外，莱曼博士还在《早安，美国》节目中担任家庭心理顾问。

同时，莱曼博士是《伴侣希望》机构的创始人和总裁。该机构致力于帮助夫妻维护幸福的婚姻生活。他还是iQuestions.com资讯网站的创始人之一。

此外，莱曼博士在美国心理学会、美国广播电视艺人联合会、北美阿德勒学派心理学协会都有任职。

1993年，莱曼博士荣获芝加哥北园大学颁发的"杰出校友奖"；2003年，亚利桑那大学授予他大学的最高奖项"校友终生成就奖"。

莱曼博士曾就读于北园大学，之后在亚利桑那大学分别取得了心理学的学士学位、硕士学位及博士学位。莱曼博士小时候和家人住在纽约州的威廉斯维尔，之后便随家人搬到亚利桑那州的图森，在那里他遇见了妻子桑德，两人一直定居在图森。他们有五个孩子及两个孙子女。

欲了解更多关于演讲技巧、商业资讯、研讨会以及《伴侣希望》的巡游信息，请联系：

凯文·莱曼博士

邮政信箱：35370

地址：亚利桑那州图森市（邮编：85740）

电话：（520）797-3830

传真：（520）797-3809

www.lemanbooksandvideos.com

/ 凯文·莱曼博士作品一览表 /

● ● ○ ● ●

给成年人的书

《五天拥有一个全新的孩子》

《出生次序之书》

《加足马力》

《活页乐谱》

《要让孩子明事理，别对孩子发脾气》

《五天拥有一个全新的丈夫》

《步步为赢：生而为赢的老大们》

《美满婚姻从厨房开始》

《他永远不会跟你说的7件事》

《为什么你的童年记忆如此重要》

《冲过激流》

《爸爸带来的差别》

《这就是领导》（与威廉·潘塔克合著）

《幸福家庭力量大》

《成为好父母》

《成为好夫妻》

《大胆和孩子谈性》（与凯西·弗洛雷斯·贝尔合著）

《初为人母》

《让你的家人保持坚强》

《继父母和孩子相处的101步》

《天作之合》

《做自己的心理医生》

《与压力说拜拜》

《单亲家庭如何育儿》

《当完美遭遇"不完美"》

《取悦者》

给孩子的书

《老大，你是独一无二的》

《中间孩子，你是独一无二的》

《老小，你是独一无二的》

《独生子女，你是独一无二的》

《收养的孩子，你是独一无二的》

《孙子孙女们，你们是独一无二的》

DVD/视频系列

《五天拥有一个全新的孩子》

《要让孩子明事理，别对孩子发脾气》（基督教徒育儿特辑）

《要让孩子明事理，别对孩子发脾气》（公立学校教师教育特辑）

《培养孩子的价值观》

《充分利用婚姻生活》

《冲过激流》

《单亲家庭如何育儿》

《再婚家庭如何和谐相处》

欲获取以上视频及图书信息，请拨打1-800-770-3830，或登录www.lemanbooksandvideos.com或www.drleman.com查询。

图书在版编目(CIP)数据

你为什么是你?：出生次序之书 ／（美）凯文·莱曼著；苏丽侠译.
—武汉：武汉大学出版社，2016.11（2019.10重印）
ISBN 978-7-307-18548-7

Ⅰ.你… Ⅱ.①凯… ②苏… Ⅲ.家庭教育 Ⅳ.G78

中国版本图书馆CIP数据核字（2016）第203491号

责任编辑：刘汝怡　　责任校对：叶青梧　　版式设计：刘珍珍

出版发行：**武汉大学出版社** （430072　武昌　珞珈山）
（电子邮件：cbs22@whu.edu.cn 网址：www.wdp.com.cn）
印刷：天津兴湘印务有限公司
开本：710×1000　1/16　印张：18　字数：274千字
版次：2019年10月第1版第2次印刷
ISBN 978-7-307-18548-7　定价：49.80元